U0158117

酸雨观测

赵振东　主编

内容简介

本书根据酸雨观测最新业务进展，较全面地介绍了酸雨的成因与防控、人工与自动观测酸雨的原理和方法。全书共分 8 章，分别是：化学基础知识，酸雨的成因及防控，酸雨观测基础，酸雨人工观测，酸雨自动观测，质量管理和质量控制，观测记录、数据文件和业务软件操作，酸雨观测数据基本统计方法。

本书主要作为气象培训单位酸雨观测的培训教学用书，也可供有关人员参考。

图书在版编目(CIP)数据

酸雨观测/赵振东主编．—北京：气象出版社，2020.10

ISBN 978-7-5029-7297-4

Ⅰ.①酸…　Ⅱ.①赵…　Ⅲ.①酸雨—气象观测　Ⅳ.①P412.13

中国版本图书馆 CIP 数据核字(2020)第 193951 号

酸雨观测

Suanyu Guance

出版发行：气象出版社
地　　址：北京市海淀区中关村南大街 46 号　　邮政编码：100081
电　　话：010-68407112(总编室)　010-68408042(发行部)
网　　址：http://www.qxcbs.com　　E-mail：qxcbs@cma.gov.cn
责任编辑：张　媛　　终　　审：吴晓鹏
责任校对：张硕杰　　责任技编：赵相宁
封面设计：博雅思企划
印　　刷：北京中石油彩色印刷有限责任公司
开　　本：710 mm×1000 mm　1/16　　印　　张：7.625
字　　数：158 千字　　彩　　插：2
版　　次：2020 年 10 月第 1 版　　印　　次：2020 年 10 月第 1 次印刷
定　　价：50.00 元

《酸雨观测》编写组

主　　编：赵振东

参编人员：李　莹　宋树礼　李文杰　朱旭敏

前　言

20 世纪 80 年代初，中国气象局开始酸雨科研观测。20 世纪 90 年代初，中国气象局在全国范围内布设酸雨观测站网，经过 30 多年的建设与发展，截至 2019 年年底，中国气象局共有酸雨观测站网 376 个，其中国家级酸雨观测站 157 个，形成了覆盖全国的酸雨监测站网。2017 年，酸雨自动观测仪器获得了中国气象局的装备许可，根据中国气象局的统一部署，将在 2020 年进行为期 1 年的平行比对观测，平行比对期间 1—7 月以人工观测为主，8—12 月以自动观测为主。平行比对结束，审核通过后，酸雨自动观测将转入业务化运行，人工观测设备作为备份设备。

为了规范和完善酸雨观测的业务管理，中国气象局组织有关专家，编制了《酸雨观测业务规范》，以及国家标准《酸雨观测规范》(GB/T 19117—2017)和气象行业标准《酸雨和酸雨区等级》(QX/T 372—2017)等材料，形成了比较完善的业务规范体系。

中国气象局气象干部培训学院河北分院从 2019 年开始承担全国酸雨观测培训任务，为了使酸雨气象观测相关业务人员能够切实掌握酸雨观测设备的结构和原理，熟练掌握观测方法，正确地操作观测设备和业务软件，理解酸雨的形成机理和控制措施，提升理论水平和实践动手能力，河北分院编写了本书。其中，第 1,2 章由赵振东编写，第 3,4 章由李莹、李文杰编写，第 5 章由李莹编写，第 6 章由赵振东、李文杰编写，第 7 章由宋树礼、朱旭敏、赵振东编写，第 8 章由朱旭敏、李莹编写。本书由张晓春、汤洁、赵振东进行统稿。

在本书编写过程中，主要的依据是酸雨观测的相关技术规范和国家标准，参考了张晓春、汤洁等授课教师在酸雨观测培训班上的讲稿、各相关仪器生产厂家的资料等，贯小芳为本书的编写提供了相关资料和宝贵意见，浙江恒达仪器仪表股份有限公司潘志东提供了酸雨自动观测仪器资料并提出了宝贵意见，得到了中国气象局气象干部培训学院领导以及教务处温博老师、河北分院领导的大力支持，在此特表示诚挚的谢意。

本书包括化学基础知识、酸雨的成因及防控、酸雨观测基础、酸雨的人工和自动观测，以及酸雨观测资料的填写、形成数据文件、质量管理、质量控制、数据统计方法等部分，是酸雨观测知识的全面汇总与整编，因此既可作为培训班的教材，也可作为业务参考工具书使用。

由于编者水平有限，书中难免存在错误和不当之处，敬请各位学员和读者批评指正。

作　者

2020 年 4 月

目　录

第1章　化学基础知识

酸雨观测的对象是降水，观测项目包括降水的酸碱度和导电能力。本章主要介绍电解质的概念、分类及主要的电解质，水的电离及离子积常数，水溶液酸碱度的指标及表示方法，pH，水溶液的导电性及电导率概念等。

1.1　电解质

电解质是指溶于水溶液中或在熔融状态下能够导电（自身电离成阳离子与阴离子）的化合物。化合物在溶解于水中或受热状态下能够解离成自由移动的离子。电解质是以离子键或极性共价键结合的物质，电解质在非溶解（熔融）状态下不一定能导电，只在溶于水或熔融状态时电离出自由移动的离子后才能导电。

电解质与非电解质的区别见表1.1。

表1.1　电解质与非电解质的区别

	电解质	非电解质
相同点	化合物	化合物
不同点	水溶液或熔融状态能导电	水溶液和熔融状态都不能导电
本质区别	在水溶液或熔融状态下自身能发生电离	在水溶液或熔融状态下，自身不能发生电离
所含物质类型	酸，碱，盐，活泼金属氧化物，水	非金属氧化物，非酸性气态化合物，部分有机物

根据电离程度，电解质可分为强电解质和弱电解质。强电解质是在水溶液中或熔融状态中几乎完全发生电离的电解质，弱电解质是在水溶液中或熔融状态下只有少部分电离的电解质。可以认为，强电解质在溶液中全部以离子的形态存在，即不存在电解质的“分子”（至少在稀溶液范围内属于这类情况）。

对于大部分浓度较高的强电解质而言，溶液的正、负离子将因静电作用而发生缔合，使有效的离子数减少。

作为其他电解质的溶剂，水一般不被称为电解质。最常见的电解质主要包括：酸、碱、盐，在水溶液中，酸电离产生H^+（阳）离子和酸根（阴）离子，碱电离产生OH^-（阴）离子和金属（碱基）（阳）离子，盐电离产生酸根（阴）离子和金属（碱基）（阳）离子。电解质主要有：

（1）酸：硫酸（H_2SO_4）、盐酸（HCl）、硝酸（HNO_3）、碳酸（H_2CO_3）、甲酸（HCOOH）……

(2)碱:氢氧化钠(NaOH)、氢氧化钾(KOH)、氢氧化钡($Ba(OH)_2$)、氨水($NH_3 \cdot H_2O$)……

(3)盐:氯化钠(NaCl)、硫酸钙($CaSO_4$)、氯化银($AgCl_2$)……

(4)金属氧化物:氧化钠(Na_2O)、氧化镁(MgO)、氧化钙(CaO)……

(5)溶于水和形成电解质的气体:二氧化碳(CO_2)、二氧化硫(SO_2)、五氧化二氮(N_2O_5)、氨气(NH_3)……

1.2 水的电离

水分子(H_2O)由 2 个氢原子和 1 个氧原子构成。结构式为:H—O—H(2 个氢氧键之间的夹角为 104.5°)。

在水分子与水分子之间的相互作用下,少数水分子能够发生电离,离解产生出来的质子从一个水分子转移给另一个水分子,形成 H_3O^+ 和 OH^-。通常将水合氢离子 H_3O^+ 简写为 H^+,纯水中存在下列电离平衡(图 1.1):

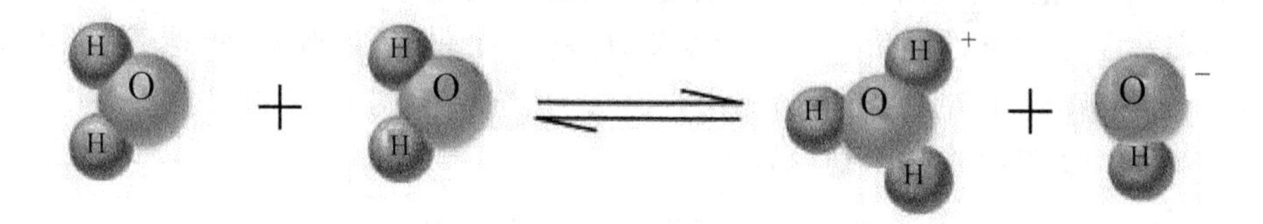

图 1.1 液态水分子发生电离的示意图

$$H_2O + H_2O \rightleftharpoons H_3O^+ + OH^- \tag{1.1}$$

“H_3O^+”为水合氢离子,为了简便,常常简写成 H^+。

水的离子平衡方程式可以简写成:

$$H_2O \rightleftharpoons H^+ + OH^- \tag{1.2}$$

由于水的电离,水具有导电性,纯净水导电能力微弱,溶解其他电解质后,水溶液的导电性会大大增强。实验测得,25 ℃时 1 L 纯水中只有 1×10^{-7} mol 的水分子发生电离,100 ℃时 1 L 纯水中有 55×10^{-7} mol 的水分子发生电离。由水分子电离出的 H^+ 和 OH^- 数目在任何情况下总是相等的,在一定(温度、浓度)条件下,当水溶液达到电离平衡时,即 H^+、OH^- 和 H_2O 之间达到平衡时,三者浓度之间的关系可以表示为:

$$K_{H_2O} = \frac{[H^+]\times[OH^-]}{[H_2O]} \tag{1.3}$$

式中,K_{H_2O}为水的电离常数,$[H^+]$为 H^+ 的浓度,$[OH^-]$为 OH^- 的浓度,$[H_2O]$为未电离的水的浓度。

25 ℃时,1 L 水中的$[H^+]$、$[OH^-]$和$[H_2O]$都是常数,分别是 1.0×10^{-7} mol、1.0×10^{-7} mol 和 56.0 mol。于是,K_{H_2O}也是常数。

令

$$K_w=[H^+]\times[OH^-] \tag{1.4}$$

则：

$$K_w=K_{H_2O}\times[H_2O] \tag{1.5}$$

K_w在一定温度条件下是一个常数，所以 K_w被称为水的离子积常数。

在 25 ℃时，$K_w=1.0\times10^{-14}$。K_w值受温度影响，温度越高，K_w值越大；温度越低，K_w值越小。水的离子积常数随温度的变化见表 1.2。

表 1.2　水的离子积常数随温度的变化

t(℃)	0	10	20	25	40	50	90	100
$K_w(10^{-14})$	0.11	0.29	0.68	1.01	2.9	5.5	38.0	55.0

1.3　水溶液

1.3.1　基本概念

一种或一种以上的物质以分子或离子形式分散于另一种物质中形成的均一、稳定的混合物，即为水溶液。

被溶解的物质称为溶质，水则被称为溶剂。例如，用盐和水配置盐水，盐就是溶质，水就是溶剂。

水溶液的质量等于溶质的质量与水的质量之和。但是，溶液的体积不等于溶质的体积加水的体积。

水溶液具有以下性质：

(1)均一性：溶液各处的密度、组成和性质完全一样；

(2)稳定性：温度不变，溶质和水的相对比例不变时，溶质不会从溶液中析出(分离)；

(3)混合物：溶液一定是混合物。

水具有极强的溶解能力，是已知的自然界中最优良溶剂，可以溶解很多物质，包括电解质和非电解质。

1.3.2　溶液浓度的表示方法

溶液的浓度是表达溶液中溶质与溶剂相对存在量的数量标记。

表示溶液的浓度有多种方法，可归纳成两大类。一是质量浓度，表示一定质量的溶液里溶质和溶剂的相对量，如质量分数、质量摩尔浓度、百万分之一浓度等。另一是体积浓度，表示一定量体积溶液中所含溶质的量，如物质的量浓度、体积比浓度等。质量浓度的值不因温度变化而变化，而体积浓度的数值随温度的变化而相应变化。

酸雨观测中常用摩尔浓度表示溶液的浓度。摩尔为国际单位制的基本单位之一，是表示物质的量的单位。1 摩尔物质含有 6.02×10^{23} 个微粒（分子、原子、中子、电子、……），用符号 mol 表示。（体积）摩尔浓度指 1 L 溶液中所溶解的溶质摩尔数，用 M 表示，即 $mol\cdot L^{-1}$。

1.4 水溶液的酸碱度

1.4.1 水溶液酸碱度的指标——氢离子浓度[H^+]

酸性或碱性的电解质溶于水后，会改变水溶液中 H^+ 和 OH^- 的含量，使得水溶液的酸碱性发生变化。因此，氢离子（H^+）和氢氧离子（OH^-）的多少可反映水溶液的酸碱性质（与酸或碱的种类无关）。

在温度不变时，不仅纯水中 H^+ 和 OH^- 浓度的乘积恒定，即使在电解质稀溶液中，H^+ 和 OH^- 浓度的乘积也是常数，在常温（25 ℃）下：

$$K_w=1.0\times10^{-14} \tag{1.6}$$

既然 H^+ 和 OH^- 浓度的乘积是常数，则无论是纯水，还是含有酸、碱物质的稀溶液，只要知道 H^+ 和 OH^- 其中的一种离子浓度，就可以知道另一种离子的浓度。于是统一规定用氢离子浓度表示溶液的酸度或者碱度，以便于比较溶液酸度或者碱度的大小。

1.4.2 水溶液酸碱度的表示方法——pH

酸碱性变化时[H^+]发生数量级改变，于是 1909 年丹麦科学家索伦森提出：

$$pH=-\lg[H^+] \tag{1.7}$$

即氢离子浓度的负对数。pH 范围为 1～14，为无量纲数值。

在中性溶液中，[H^+]=[OH^-]=1.0×10^{-7} M，pH=7；在酸性溶液中，由于[H^+]增大，则[OH^-]减小，pH<7；在碱性溶液中，[OH^-]增大，[H^+]减小，pH>7。

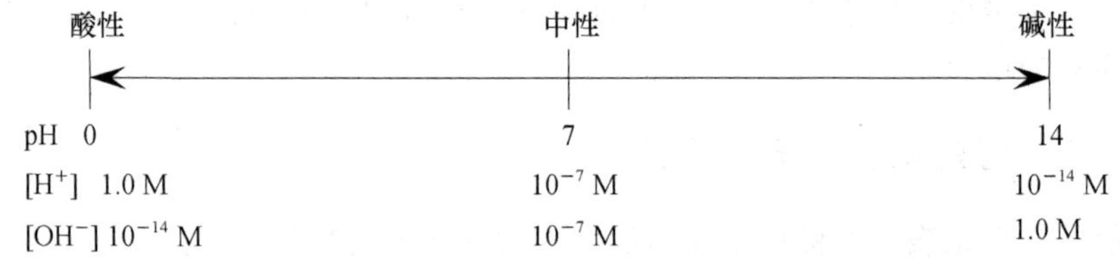

当 pH 在 0～14 范围内变化时，[H^+]或[OH^-]的值可以由 1.0×10^{-14} M 变为 1.0 M，说明纯水或稀酸、稀碱溶液中[H^+]或[OH^-]的数量级变化非常之大，因此用 pH 的大小可以非常清楚和方便地表示出溶液的酸碱度。而当酸或碱的浓度>1.0 M 时，不仅不必要使用 pH 表示溶液的酸碱度，而且这样计算出的 pH 还可能是负数，所以当酸或碱的浓度>1.0 M 时，直接用其浓度值表示酸碱度即可。

表 1.3 列举了一些常见水溶液的 pH。

表 1.3　一些常见水溶液的 pH

物质名称	pH	物质名称	pH	物质名称	pH
石灰水溶液	12.0	血液	7.3	番茄汁	4.0
氨水	11.0	纯水	7.0	食醋	2.8
苏打溶液	8.2	牛奶	6.5	柠檬汁	2.0
海水	7.8	洁净地区降水	5.0～5.2	铅蓄电池液	1.1

1.4.3　天然水的 pH

天然水是指存在于自然界的未经人工处理的水，包括江河、海洋、冰川、湖泊、沼泽等地表水以及土壤、岩石层内的地下水等天然水体。按 pH 的不同可以划分为如下 5 类：

(1)强酸性，pH<5.0，如铁矿矿坑积水。

(2)弱酸性，pH 为 5.0～6.5，如地下水。

(3)中性，pH 为 6.5～8.0，大部分淡水。

(4)弱碱性，pH 为 8.0～10.0，海水。

(5)强碱性，pH>10.0，少数苏打型湖泊水。

大多数天然水为中性到弱碱性，pH 一般在 6.0～9.0。淡水的 pH 多在 6.5～8.5，部分苏打型湖泊水的 pH 可达 9.0～9.5，有的可能更高。海水的 pH 一般在 8.0～8.4。有些地下水由于溶有较多的 CO_2，pH 一般较低，呈弱酸性。某些铁矿矿坑积水，由于 FeS_2 的氧化、水解，水的 pH 可能成强酸性，有的 pH 甚至可低至 2～3，这当然是很特殊的情况。

1.5　水溶液的导电性、电导率

水溶液中含有带有正、负电荷的粒子(即各种阴、阳离子)，在电场的作用下发生定向移动，在离子间产生电荷传递，从而传导电流。水中所含离子成分的多少，决定着水的导电性能，离子浓度越高，导电能力越强，反之越小。纯水导电能力很弱，电解质溶解于水后，会大幅增加水溶液中的离子数量，增强导电能力。导电能力的大小通常用电导率来表示。水溶液通过的电流密度 j 与施加其上的电场强度 E 的比称为溶液的电导率 K，即：

$$K=\frac{j}{E} \tag{1.8}$$

当用一个平板电极做成的测量池测量水溶液的电导率时，电流密度 j 等于通过测量池的电流 I 与平板电极的面积 A 之比，即：

$$j=\frac{I}{A} \tag{1.9}$$

电场强度 E 等于测量池的电位差 V 与 2 个平板电极间距离 L 之比，即：

$$E=\frac{V}{L} \tag{1.10}$$

于是：

$$K=\frac{j}{E}=\frac{I}{A}\times\frac{L}{V}=\frac{L}{A}\times\frac{I}{V}=Q\times\frac{1}{R} \tag{1.11}$$

式中，Q 只与测量电极有关，被称为电极常数，单位一般为 cm^{-1}，R 为电流通过测量电极时产生的阻抗，单位为欧姆，用符号 Ω 表示。

电导率的单位是西门子・米$^{-1}$，简称西・米$^{-1}$，用符号 $S\cdot m^{-1}$表示(西门子相当于欧姆$^{-1}$)。西门子・米$^{-1}$的单位较大，也使用微西门子・厘米$^{-1}$，记为 $\mu S\cdot cm^{-1}$ ($1\ S\cdot m^{-1}=10^4\ \mu S\cdot cm^{-1}$)。

电导率可用于衡量电解质溶液导电能力的大小，且电导率越大溶液的导电能力越强。

1.5.1 不同离子的导电能力(摩尔电导率)

电解质溶液导电能力的强弱，主要由自由移动离子的种类和浓度决定的，同时温度的变化也对水溶液的导电能力有影响。水溶液中，在离子种类确定的条件下，离子浓度越大，导电能力越强。水溶液的总电导率是所含各离子电导率的总和，即可以用下式表示：

$$K=\sum_i \Lambda m_i\cdot C_i$$

式中，K 为水溶液的电导率，Λm_i为第 i 种离子的摩尔电导率，C_i为第 i 种离子的摩尔浓度。

摩尔电导率(molar conductivity)Λm 反映的是单位浓度电解质离子的电导率，单位为 $S\cdot m^2\cdot mol^{-1}$。离子的摩尔电导率可用来衡量水溶液中离子导电能力的强弱，摩尔电导率越大，离子在溶液中的导电能力越强。引入摩尔电导率的概念是很有用的，因为水溶液中含有多种离子，各种离子的浓度变化对水溶液总电导率贡献的程度是不一样的，在离子浓度同样增加的情形下，有些离子对水溶液的电导率增加较显著，有些则较小。

需要注意的是，由于不同电解质离子的电荷数可能不相同，如 Cl^- 离子只携带一个电荷，而 SO_4^{2-} 携带 2 个电荷，为了便于对不同电解质离子的导电能力进行比较，定义各离子的摩尔电导率为具有相同(1 个)电荷数的摩尔电导率。因此摩尔电导率定义中的单位浓度与一般意义上的摩尔浓度有所不同。这里的摩尔浓度指的是，单位体积(1 L)水溶液含有具有 1 mol 电荷的溶质离子。如 $1\ mol\cdot L^{-1}$的 Cl^- 离子浓度表示，1 L 水溶液中含有 1 mol 数量的 Cl^- 离子，而 $1\ mol\cdot L^{-1}$的 SO_4^{2-} 离子浓度表示，1 L 水溶液中含有 1/2 mol 数量的 SO_4^{2-} 离子。为了区别起见，有时将这种定义的摩尔浓度，称为当量电荷摩尔浓度，或简称为当量浓度。按照当量浓度给出的摩尔电导率，即称为当量电导率。

不同离子的导电能力(摩尔电导率)见表 1.4。

表 1.4　大气降水中主要离子的当量电导率　　单位：$S \cdot cm^2 \cdot eq^{-1}$

阳离子	Λm	阴离子	Λm	阴离子	Λm
H^+	349.7	Cl^-	76.3	$PO_4{}^{3-}$ **	69.0
$NH_4{}^+$	73.5	$NO_3{}^-$	71.4	$HCOO^-$ **	54.6
Na^+	50.1	$SO_4{}^{2-}$	80.0	CH_3COO^- **	40.9
K^+	73.5	F^- *	55.4	$HCO_3{}^-$ **	44.5
Mg^{2+}	53.0	NO^{2-} **	71.8	OH^-	196.0
Ca^{2+}	59.5				

注：* 为方便起见，本表给出的是当量电导率，即摩尔电导率除以该离子的电荷数。对于单价离子，如 H^+、OH^-、$NO_3{}^-$ 等离子，其当量电导率和摩尔电导率完全相同，对于 $SO_4{}^{2-}$ 等多价离子，两者相差该离子价数的倍数。** 由于存在不完全电离等因素的影响，计算这些离子的电导率时需以实际电离活度计算。

1.5.2　各种水的电导率

自然界中，有着各种不同的水。不同的水，其电导率有着较大的差异，不同水的电导率值见表 1.5。

表 1.5　不同水的电导率　　单位：$\mu S \cdot cm^{-1}$

种类	电导率
(理论)纯水	0.0547
实验室“超纯水”	0.0547～0.1
新鲜的纯水	0.2～2
与空气充分接触后的纯水	2～4
洁净降水	5～100
天然地表水	50～500
矿化水	500～1000
工业废水	>10000
海水	约为 30000

复习思考题

1. 何谓电解质？
2. 水溶液酸碱度如何表示和区分？
3. 何谓水溶液的电导率？

第2章　酸雨的成因及防控

本章对国内外酸雨的研究历程进行简单回顾，通过阐述酸雨的定义、酸雨判别标准的由来、酸雨的形成机理等，来加深对酸雨的认识。最后，简要介绍了全球的酸雨监测网，以及酸雨防控的措施等内容。

2.1　酸雨研究的历程

1872年英国化学家史密斯(R. Angus Smith)在其编著的《大气与降水：化学气象学的开端》一书中最早提出“酸雨”的这一概念。史密斯根据曼彻斯特附近雨水的分析结果，提出了3种类型的降水：离城远处含碳酸铵的降水，郊区含硫酸铵的降水，城镇含硫酸或酸性硫酸盐的降水。他首次提出了降水化学的空间可变性，并提出降水采集后应对其进行组分分析和实验研究，还提出了酸雨对植物和材料的危害等(康孝炎 等，2006)。

降水的第一个监测网于1850年左右在英国的罗萨姆丹建立，它连续提供了50 a以上降水化学组成的测量数据。Jean(1930)最早采用“pH”来表示雨水、饮用水和工业用水的测定结果。1947年瑞典土壤学家H. Egner创建了斯堪的那维亚降水监测网，1954年斯堪的那维亚降水监测网扩展到包括不列颠岛和斯堪的那维亚的全部，这是酸性降水监测首次进行国际协作的标志。

酸雨，这一概念虽然提出得很早，但直到20世纪40年代，人们对酸雨及其影响才开始有所认识。到20世纪70年代初，酸雨出现的范围日趋扩大，降水酸度也表现出逐渐增加的趋势，对生态环境产生越来越明显的影响，因而引起了各国政府的高度关注和科技工作者的极大重视。1972年，在联合国人类环境会议(瑞典的斯德哥尔摩)上，瑞典政府提交了《跨越国境的空气污染：大气和降水中的硫对环境的影响》的报告，标志着酸雨被真正作为一种国际性的环境问题而正式提上议事日程。1982年6月召开的“国际环境酸化会议”，标志着酸雨污染已成为当今世界重要的环境问题之一。自20世纪80年代起，每4年举行1届全球性的酸雨大会，2011年在北京举行了第8届酸雨大会。

北美对酸沉降的个别研究始于1923年。1978年，美国的“全国大气沉降监测计划网”开始工作，加拿大于1977年建立了“加拿大大气沉降监测计划网”，大力开展酸沉降来源、形成过程、化学转化机制以及效应的研究。1980年，美国开展了“国家酸沉降评价计划网”(National Acid Precipitation Assessment Program,NAPAP),历时 10 a,以研究酸沉降成因和影响。1983 年,日本环境厅组织酸雨委员会进行降水化学组成的监测和湖泊水质调查,并于 1984 年成立了研究酸雨形成机理和酸雨对环境影响的委员会。

我国酸雨监测和研究始于 20 世纪 70 年代末期对北京、上海、南京、重庆和贵阳等城市的降水监测,监测结果表明,这些地区不同程度地存在着酸雨问题,西南地区则很严重。1982—1984 年,在国家环保局的领导下开展了酸雨调查,为了弄清我国降水酸度及其化学组成的时空分布情况,1985—1986 年在全国范围内布设了 189 个监测站,523 个降水采样点,对降水数据进行了全面、系统的分析。结果表明,降水的年平均 pH<5.6 的地区,主要分布在秦岭—淮河以南,秦岭—淮河以北仅有个别地区。降水的年平均 pH<5.0 的地区则主要在西南、华南以及东南沿海一带;酸雨的主要致酸物是硫酸盐,降水中 SO_4^{2-} 的含量全国普遍都很高。因此,酸雨污染问题受到了国家和政府的重视,在我国“七五”“八五”“九五”计划中,均将酸雨列为攻关的重点课题,其中酸沉降的化学过程也是重要的研究内容。关于酸雨的研究成果直接支撑了中华人民共和国生态环境部制定“酸雨控制区”和“SO_2控制区”(也称为“两控区”)的规划和污染控制政策,减缓了酸雨污染的恶化趋势。

2013 年,中国气象局根据近 20 a 气象观测资料分析,全国酸雨有以下特点:一是长江以南地区酸雨较重,北方相对偏轻。强酸雨区主要分布在西南地区东部、湘鄂西部边界、湘赣边界南部、长三角、珠三角地区。二是全国酸雨阶段性波动明显,近 5 a 呈减轻趋势。酸雨变化可分为 3 个阶段:第一阶段为 1992—1999 年,为酸雨改善期,全国酸雨强度、发生范围呈减小趋势;第二阶段为 2000—2007 年,为酸雨恶化期,其中 2006 年酸雨强度、范围均为近 20 a 之最;第三阶段为 2008—2012 年,为酸雨再次改善期,2012 年全国酸雨强度、发生范围已回归至 1999 年相对较低的水平。三是酸雨季节变化明显,冬季相对较重,夏季偏轻。四是酸雨成分逐渐由“硫酸型”转变为“硫酸硝酸混合型”。大范围的酸雨主要是由人类活动排放到大气中的二氧化硫和氮氧化物等酸性气体造成的。我国二氧化硫排放减少是导致全国酸雨污染减轻的主要原因,加之降雨强度增大有利于稀释降水酸度,对减轻酸雨也起到一定作用。

2.2 酸雨的定义

2.2.1 酸雨的定义

(1)大气降水 pH

大气降水 pH 是指大气降水中氢离子活度的负对数,即:

$$pH = -\lg[H^+] \tag{2.1}$$

式中,pH 为大气降水氢离子浓度指数,无量纲;$[H^+]$为氢离子浓度,单位为摩尔每升($mol \cdot L^{-1}$)。

(2)酸雨的定义

酸雨是指 pH<5.60 的大气降水。大气降水的形式包含液态降水、固态降水和混合降水。

2.2.2 酸雨判别标准的由来

为什么将 pH<5.60 的大气降水称为酸雨，而不是 pH<7.00 呢？实际上，这一判别标准是 20 世纪 70 年代初根据当时对大气化学的认识而确定的。那时认为大气中足以影响降水酸度的大气自然成分只有二氧化碳，其他酸性或碱性微量成分主要来自人为活动。因此，将当时认识条件下“自然降水”的 pH 作为酸雨的判别标准。

下面分析二氧化碳—水的平衡体系的 pH。

空气主要是由氮气(78%)、氧气(21%)、二氧化碳(0.037%)、水汽和其他惰性气体等组成的。在这些气体中，二氧化碳是含量最高的酸性气体。在只考虑大气中二氧化碳与纯水平衡的条件时，有：

$$CO_2 + H_2O \xrightleftharpoons{H} CO_2 \cdot H_2O \tag{2.2}$$

$$CO_2 \cdot H_2O \xrightleftharpoons{K_1} H^+ + HCO_3^- \tag{2.3}$$

$$HCO_3^- \xrightleftharpoons{K_2} H^+ + CO_3^{2-} \tag{2.4}$$

式中，H 为 CO_2 的亨利常数；亨利常数是指一定温度下溶于定量液体中的气体量与溶液处于平衡的该气体分压的比值，可作为描述化合物在气液两相中分配能力的物理常数；K_1，K_2 分别为二元酸 $CO_2 \cdot H_2O$ 的一级和二级电离常数。

按电中性原理得：

$$[H^+]=[OH^-]+[HCO_3^{--}]+2[CO_3^{-2}]=\frac{K_w}{[H^+]}+\frac{K_1 H p_{CO_2}}{[H^+]}+\frac{2K_1 K_2 H p_{CO_2}}{[H^+]^2}$$

式中，K_w 为水的离子积；p_{CO_2} 为 CO_2 在大气中的分压。

当大气压为 1013.25 hPa、CO_2 体积分数为 330×10^{-6} 时，便可计算普通雨水的 pH 在 25 ℃时，为 5.66；0 ℃时，为 5.58。因此，通常认为雨水的“天然”酸度为 pH=5.60。多年来国际上一直将该值当作未受污染的天然雨水的背景值。pH<5.60 的雨水被认为是酸雨，其酸性增加认为来自人为污染。因此，pH 是否小于 5.60 实际上已被国际上用作判别雨水是否受到人为污染的依据。

1979 年开始，美国制定了全球降水化学研究计划(Global Precipitation Climatology Project，GPCP)，致力于全球背景点降水组成的测定，共设置了 11 个背景观察点。通过这些全球背景点的降水组成和 pH 的研究，他们认为全球降水 pH 的背景值应≤5.0，故认为将 5.0 作为酸雨 pH 的界限可能更符合实际情况。

Seinfeld 等(1986)在总结了各种观点后对酸雨的判断作出如下结论：

① pH≥5.60 时，表明降水未受到人类的干扰，即使有，这种雨水也有足够的缓冲容量，不会使雨水酸化。

② pH 在 5.0～5.60 时，表明雨水可能受到人为活动的影响，但未超过天然本底硫的影响范围。

③ pH＜5.0 时，则可以确信人为影响是存在的，即 pH＜5.0 的降水可称为酸雨。

此外，也有人提出用 SO_4^{2-} 含量来作为降水是否受人为污染的判别标准(Galloway et al.,1984)。但 SO_4^{2-} 并不能判别雨水是否酸化，所以将 pH 和 SO_4^{2-} 结合起来就可以判别降水是否酸化或受到人为污染。但由于大气中的 CO_2 浓度仍以每年 2 $\mu mol \cdot mol^{-1}$ 的速度增加(1999 年已达到 367 $\mu mol \cdot mol^{-1}$)，全球降水酸度背景值不是稳定不变的，将背景值下调至某一定值没有多大的实际意义(李尉卿,2010)。

应当指出，在未受人类活动影响的偏远地区，自然降水的 pH 一般多在 5.0～5.20，因为除了二氧化碳以外，自然大气中还存在一些其他酸性物质，可使降水进一步酸化。所以，以 pH＜5.60 作为酸雨的标准，是一个仅考虑大气中二氧化碳溶解影响的简单定义。

在降水的形成过程中，由于受到大气中二氧化碳和其他污染气体以及大气中悬浮颗粒物可溶成分的影响，降水的 pH 会呈现较大幅度的变化，因而降水的 pH 是反映自然界降水特性以及受人类活动影响的重要指标之一。此外，大气中的各种污染气体和颗粒物的可溶成分进入降水后，使其导电能力增加，降水 K 值的大小，在一定程度上反映出降水中这些物质的总含量水平，也是降水被环境物质污染的指标之一。

2.3　酸雨的成因

2.3.1　降水的酸化过程

大气中的水汽主要来自地球表面的蒸发，蒸发产生几乎纯净的水。水汽在上升过程中，因周围气压逐渐降低，体积膨胀，温度降低而逐渐变为细小的水滴或冰晶漂浮在空中形成云。水汽分子在云滴表面上凝聚，使云滴不断凝结(或凝华)而增大；大、小云滴在不断运动和碰并，云滴增大为雨滴、雪花或其他降水物。当云滴增大到能克服空气的阻力和上升气流的浮力时就会发生沉降，而在下落过程中不被蒸发或损耗掉并降落至地表才能形成降水(图 2.1)。

在云内，云滴相互碰并或与气溶胶粒子碰并，同时吸收大气气体污染物，在云滴内部发生化学反应，这个过程叫污染物的云内清除或雨除。在雨滴下落过程中，雨滴冲刷着所经过空气的气体和气溶胶，雨滴内部也会发生化学反应，这个过程叫污染物的云下清除或冲刷(图 2.2)。因此，在地面收集到的雨水的 pH 和化学组成取决于发生在采样点一定距离内的各种物理和化学过程的综合。这些过程也就是降水对大气中气态物质和颗粒物质的清除过程，酸化就是在这些清除过程中形成的。

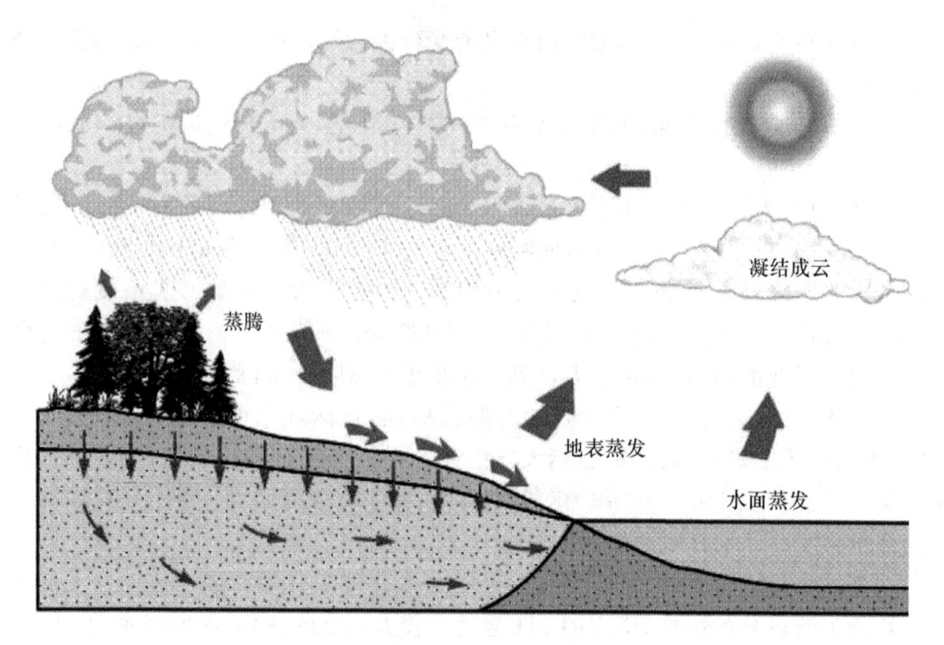

图 2.1　降水形成过程

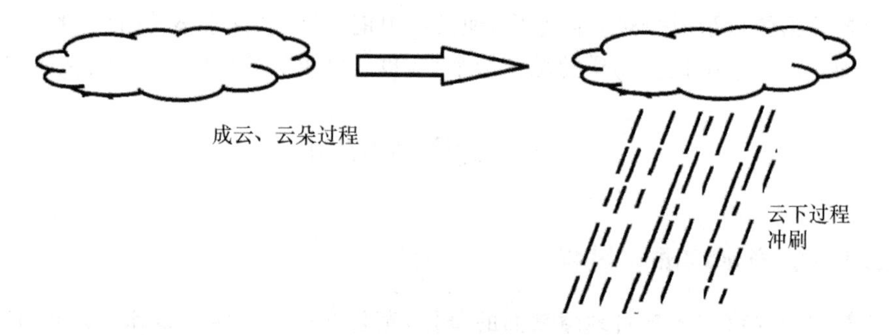

图 2.2　各种物质进入降水的途径

云内清除过程：从化学角度来看，影响雨滴酸度主要有 2 个过程：(1)含SO_4^{2-}和NO_3^-的气溶胶作为凝结核参与成云；(2)云滴生长过程中云滴吸附污染气体并在云滴内发生化学反应。

云下清除过程：雨滴离开云体，在其下落过程中有 2 种可能：(1)水分部分或全部蒸发，这种情况下雨滴内的微量成分就成为气溶胶粒子回到环境大气中，但这时得到的气溶胶粒子谱有别于进入云滴前的粒子谱，并且有些微量气体在水中转化成酸或盐的过程是不可逆的；(2)继续吸收和捕获大气中的污染气体和气溶胶，这就是污染物的云下清除或降水的冲刷作用。

降水是混合物，降水的酸碱性取决于进入降水的各种物质的酸碱平衡。酸碱物质的中和结果决定降水的酸碱度。

2.3.2　酸雨形成机理

酸雨的形成是一种复杂的大气化学和大气物理现象，它与大气中的二氧化硫、氮氧化物等污染物有关。大气中的二氧化硫主要来自 2 个渠道：一是自然界的自然排硫，产生的二氧化硫一般浓度较低，在大气中易于稀释和净化，不会形成酸雨；二是人为原因造成的污染，因燃烧煤炭排放出来的二氧化硫，特别燃烧石油以及汽车尾气排放出来的氮氧化物，经过“云内成雨过程”，即水汽凝结在硫酸根、硝酸根等凝结核上，发生液相氧化反应，形成硫酸雨滴或硝酸雨滴；又经过“云下清除过程”，即含酸雨滴在下降过程中不断合并吸附、冲刷其他含酸雨滴和含酸气体，形成较大雨滴，最后降落在地面上，形成了酸雨。酸雨的形成过程见(彩)图 2.3。

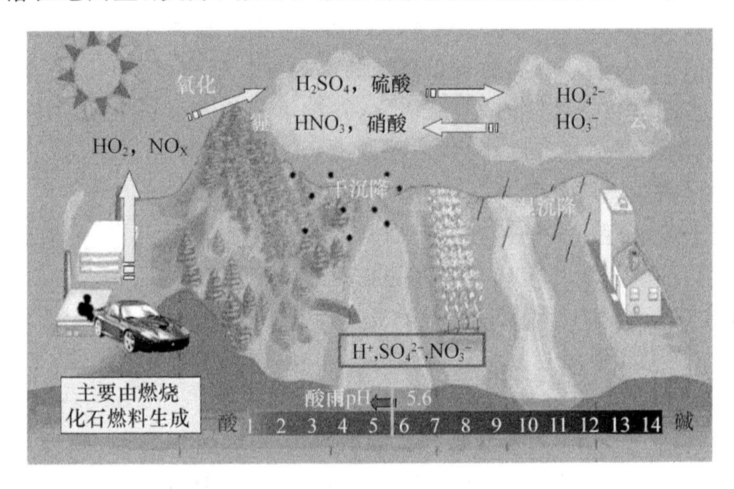

图 2.3　酸雨的形成过程

人为排放的二氧化硫往往集中在一些城市、工矿的局部地区，造成局部地区二氧化硫在大气中高度聚集。其聚集的程度有时比在自然条件下高几十倍，甚至几百倍，为酸雨的形成提供了足够的先决条件。

化石燃料的燃烧形成酸雨的反应如下：

$$S+O_2(\text{燃烧})\rightleftharpoons SO_2$$

$$SO_2+H_2O\rightleftharpoons H_2SO_3$$

$$2H_2SO_3+O_2\rightleftharpoons 2H_2SO_4$$

氮氧化物溶于水形成酸的反应如下：

$$2NO+O_2\rightleftharpoons 2NO_2$$

$$3NO_2+H_2O\rightleftharpoons 2HNO_3+NO$$

大气中的甲烷氧化生成甲醛的反应如下：

$$CH_4+HO\rightarrow CH_3+H_2O\rightarrow HCHO$$

产生甲烷之类有机物质较多的地区，雨水中有机酸的含量也会较高(李尉卿，2010)。

2.3.3 酸雨的化学成分

要判断酸雨的形成和来源，除了要了解它的pH之外，还要了解它的化学组成。也就是了解降水中的可溶性离子成分，即无机阳离子（NH_4^+、Ca^{2+}、Na^+、K^+、Mg^{2+}、H^+等）、无机阴离子（SO_4^{2-}、NO_3^-、NO_2^-、Cl^-、F^-等）和有机酸（甲酸、乙酸、草酸等）。随着检测技术的发展和对酸雨研究的不断深入，今后会对降水中的更多化学成分开展分析。

2.4 酸雨污染的危害

酸雨的危害是多方面的，包括对人体健康、生态系统和建筑设施都有直接或潜在的危害。酸雨对人类环境和对生态环境的影响和危害有以下几个方面：

(1)使淡水湖酸化。使湖水、河流酸化，并溶解土壤和水体底泥中的重金属进入水中，毒害鱼类，使湖水、河流中的鱼类数量减少，有些鱼种甚至消失；酸雨还杀死水中的浮游生物，减少鱼类食物来源，破坏水生生态系统。

(2)影响土壤的理化性能。酸雨可抑制某些土壤微生物的繁殖，降低酶活性，土壤中的固氮菌、细菌和放线菌均会明显受到酸雨的抑制。

酸雨使土壤酸化，肥力降低，有毒物质更会毒害作物根系，杀死根毛，导致发育不良或死亡。能使其中的一些小动物和微生物家族生长发育不良，从而改变土壤的物理结构。

(3)对建筑物、文物和金属材料产生腐蚀作用。酸雨对石料、水泥、木材等建筑材料均有很强的腐蚀作用，酸雨能使非金属建筑材料（混凝土、砂浆和灰沙砖）表面硬化水泥溶解，出现空洞和裂缝，导致强度降低，从而造成建筑物损坏；砂浆混凝土墙面经酸雨侵蚀后，出现“白霜”。酸雨可使油漆泛白、褪色，给古建筑和仿古建筑带来许多麻烦，缩短粉刷装修的时间周期。受酸雨淋洗的酚醛磁漆及醇醛磁漆，大约2个月开始变色，失去光泽，部分涂层脱落腐蚀。

酸雨能加速金属腐蚀。腐蚀速率：碳钢大于镀锌铁板，紫铜较低。金属表面出现空洞和裂缝，强度降低，桥梁损坏。对电线、铁轨等均会造成严重损害。

酸雨能使文物面目皆非，碑林文字模糊；世界上许多古建筑和石雕艺术品因遭酸雨腐蚀而严重损坏，如我国的洛阳龙门石窟、乐山大佛及加拿大的会议大厦被腐蚀等。此外，也发现，北京的卢沟桥的石狮和附近的石碑，五塔寺的金刚宝塔等均遭酸雨侵蚀而严重损坏。

(4)影响植物生长。酸雨可使森林植物产生很大危害。根据国内对105种木本植物影响的模拟实验，当降水$pH<3.0$时，可使植物叶片造成直接的损害，使叶片失绿变黄并开始脱落。叶片与酸雨接触的时间越长，受到的损害越严重。野外调查表明，在降水$pH<4.5$的地区，马尾松林、华山松和冷杉林等出现大量黄叶并脱落，森

林成片地衰亡。例如，重庆奉节县的降水 pH<4.3 的地段，20 a 生的马尾松林年平均生长量降低了 50%。酸雨还可使森林的病虫害明显增加，在四川，重酸雨区的马尾松林的病情指数为无酸雨区的 2.5 倍。

(5)对人体健康造成危害。由于酸雨中存在有甲醛和丙烯醛等有机物，它们会对人的眼睛和皮肤带来刺激，眼角膜和呼吸道黏膜对酸类却十分敏感，酸雨或酸雾对这些器官有明显刺激作用，导致红眼病。对人体的呼吸器官带来危害，导致支气管炎，咳嗽不止，尚可诱发肺病，这是酸雨对人体健康的直接影响。另一方面，农田土壤酸化，使本来固定在土壤矿化物中的有害重金属，如汞、镉、铝等，再溶出，继而被粮食、蔬菜吸收和富集，人类摄取后，中毒，得病。这是酸雨对人体健康的间接影响(李尉卿，2010)。

2.5　酸雨的观测与防控

2.5.1　酸雨观测

酸雨观测是在固定地面站点采集降水样品，测量大气降水 pH 和大气降水电导率 K，提供可进行化学成分分析的降水样品。

酸雨样品的采集可以分为自动和手工 2 种，前者需使用自动降水采样器。手工采样，用采样桶人工采集降水样品，样品采集后将采样桶拿进室内，转移到烧杯中，经温度平衡后，利用 pH 计和电导率仪分别测量出降水样品的 pH 和电导率。酸雨自动观测系统可分为"分体式"酸雨自动观测系统和"一体式"酸雨自动观测系统，它们的操作/运行方式有所不同。

2.5.2　酸雨监测网

(1)欧盟 EMEP 网

欧洲在系统总结和分析 20 世纪 70 年代以来欧洲酸雨控制历程的基础上，按照各时期所采取主要措施的不同，将其划分为 4 个发展阶段：①欧洲监测与评价计划(European Monitoring and Evaluation Programme，EMEP)的建立；②远距离越境大气污染条约(CLRTAP)的形成；③临界负荷的使用；④多污染物协同控制。

1956 年"欧洲大气化学监测网"建立后，对欧洲降水化学成分的分析结果肯定了酸性降水和大气污染有直接的关系，并进一步指出，酸雨是一种广域范围、跨越国界的大气污染现象。但这在当时并未得到所有国家的认可，由此还导致了欧洲多个国家之间的纷争，历史上也被称为"化学之战"。随着酸雨危害的日益严峻，欧洲特别是北欧国家迫切需要一个中立、公正的机构提供可靠的数据来源以推动酸雨研究工作的进行。于是，1977 年在联合国的授权下，欧洲大气污染物长距离输送监测和评估合作计划，即 EMEP 诞生。EMEP 致力于数据整理，大气和降水质量监测以及大气污染物的传输和沉降模拟3个方面工作，并试图在科学的基础上通过政策力量的推动，促进各国在大气污染物监测和模拟方面进行国际合作，以解决现存的大气污染问题。

EMEP建立以来，开始于20世纪40年代纷争30多年的酸雨越境污染问题基本达成共识，越来越多的国家逐渐参与到酸雨的防控中来。可以说，EMEP不但是欧洲酸雨控制的产物，也是其发展的最根本基础。现在几乎欧洲各国都设有EMEP不同级别的固定监测点，不论从时间的长期性还是从监测范围的广阔性来讲，EMEP都保存了降水化学方面最完整、最详细的记录数据，为国与国之间的协商、酸雨的控制提供了最客观的数据支持。欧盟EMEP网(2001年)，见(彩)图2.4。

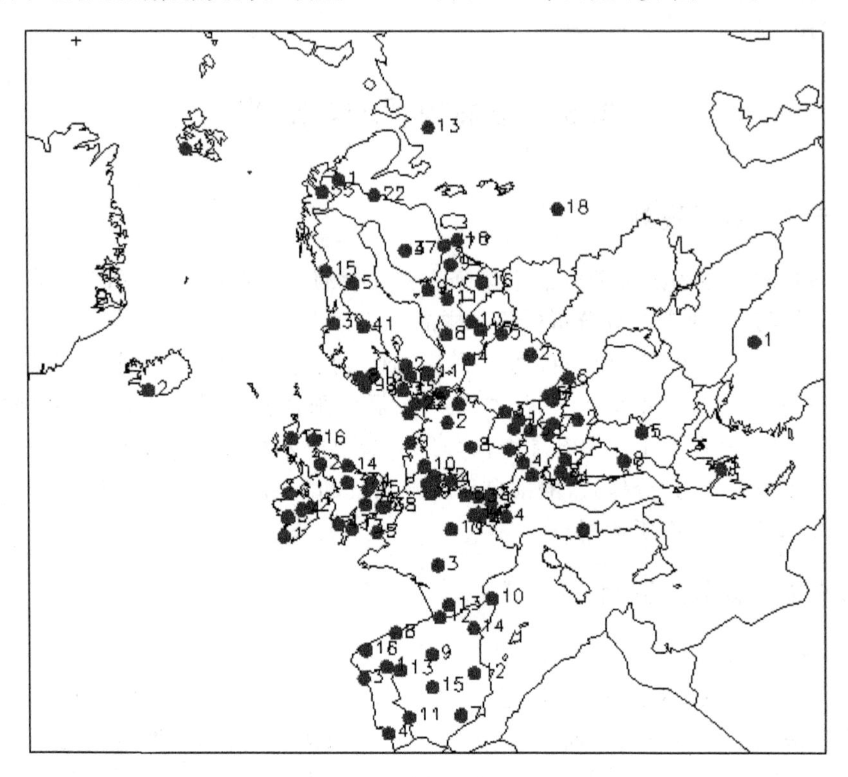

图2.4　欧盟EMEP网(2001年)

(2)美国NADP网

美国联邦管理的国家大气沉积作用规划(National Atmospheric Deposition Program，NADP)始于1977年，是联邦和各州有关机构、大学、电力部门和工业界的合作项目，统一监测美国降水化学的地理格局和时间趋势。20世纪80年代作为美国酸沉降评价项目的一部分，并建立了全国趋势网(National Trend Network，NTN)。到20世纪80年代中期。NADP/NTN的监测点位增加到近200个。美国NADP网见(彩)图2.5。

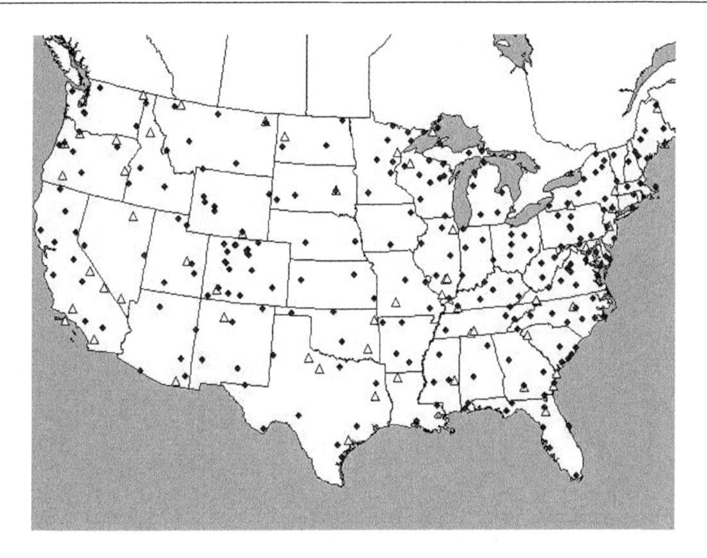

图2.5　美国NADP网

(3)全球监测网站

20世纪70年代,世界气象组织(World Meteorological Organization,WMO)协调建设了背景大气本底污染监测网(Background Air Pollution Monitoring Network,BAPMoN),开始对温室气体、反应性气体、气溶胶、降水化学等进行观测。随着全球变化问题的日益突出,WMO又于1989年开始组建全球大气观测网(Global Atmosphere Watch,GAW),在全球范围内开展大气成分本底观测,经过十几年发展,已成为当前全球最大、功能最全的国际性大气成分监测网络,可以对具有重要气候、环境、生态意义的大气成分进行长期、系统和精确的综合观测。已有60个国家400多个本底监测站(其中全球基准站24个)加入GAW网络((彩)图2.6),并按照GAW观测指南的要求,开展了大气中温室气体、气溶胶、臭氧、反应性微量气体、干—湿沉降化学、太阳辐射、持久性有机污染物和重金属、稳定和放射性同位素等的长期监测,涉及200多种观测要素。

(4)我国的监测网

我国针对酸雨的大规模监测工作始于20世纪70年代末,1982年国家环境管理部门建立了全国酸雨监测网,用于调查研究我国酸雨的分布状况。随着对酸雨认识的加深,监测覆盖面逐年增加,1991年酸雨观测站仅有51个,2000年发展到254个,最多时达到696个。

在20世纪80年代初,中国气象局就在气象台站开展了酸雨观测研究。1992年,开始了酸雨的业务化观测。2006年,中国气象局通过实施大气监测自动化工程(一期),提高了酸雨的网络化观测能力,酸雨观测站的数量由89个增加至157个。近年来,省级气象部门利用地方经济支持布设了省级酸雨观测站网,进一步扩充了全国酸雨观测网的观测和服务能力。截至2018年年底,中国气象局共有酸雨观测站网376个,其中国家级站网157个。中国气象局的酸雨监测网见(彩)图2.7(云雅如 等,2010)。

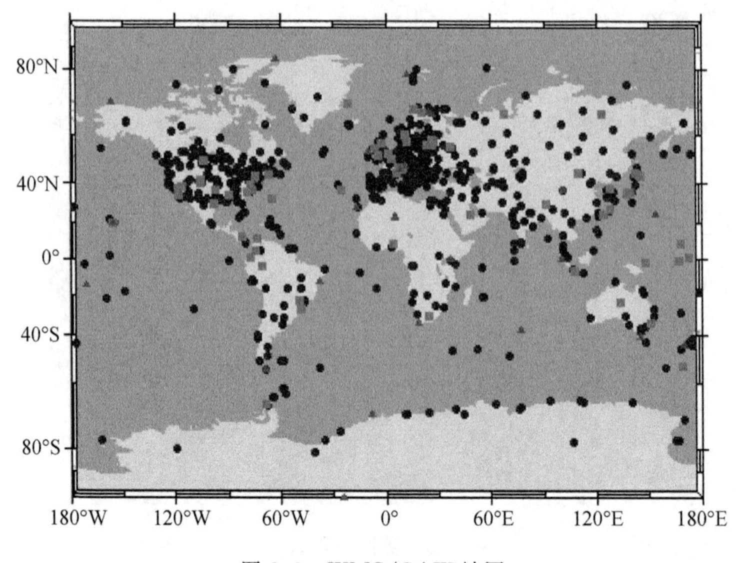

图 2.6 WMO/GAW 站网

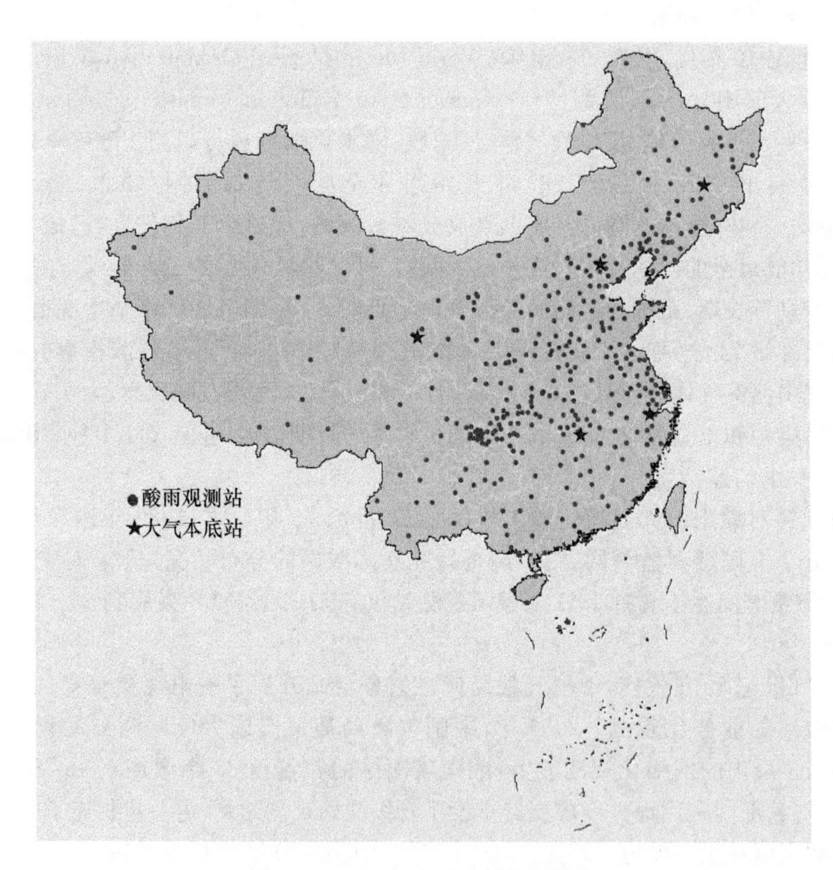

图 2.7 2018 年全国酸雨监测站网

两大酸雨监测网为中国降水化学研究积累了大量数据，对我国酸雨控制和研究发挥了积极作用。但是现阶段两大监测网络均存在覆盖面的局限性，其中环保监测点多以城市为主，且地区间分布不均衡，在此基础上对酸雨污染空间分布和发展状况做出的描述也仅能代表一定阶段的客观情况，而无法做到更加全面。

2.5.3　降水 pH 的分布

(1)世界三大酸雨区

20 世纪 60，70 年代以来，随着世界经济的发展和矿物燃料消耗量的逐步增加，矿物燃料燃烧中排放的二氧化硫、氮氧化物等大气污染物总量也在不断增加，酸雨分布有扩大的趋势。酸雨最早发生在挪威、瑞典等北欧国家，随后由北欧扩展到东欧和中欧，甚至几乎覆盖整个欧洲，20 世纪 80 年代初，整个欧洲的降水 pH 在 4.0～5.0，雨水中硫酸盐含量明显升高。酸雨污染可以发生在其排放地 500～2000 km 范围内，酸雨的长距离传输会造成典型的越境污染问题(郝吉明，2010)。

美国和加拿大东部也是一大酸雨区。美国是世界上能源消费量最多的国家，消费了全世界近 1/4 的能源，美国每年燃烧矿物燃料排除的二氧化硫和氮氧化物也占各国首位。从美国中西部和加拿大中部工业心脏地带污染源排放的污染物定期落在美国东北部和加拿大东南部的农村及开发相对较少或较为原始的地区，其中加拿大有一半的酸雨来自美国。

亚洲是二氧化硫排放量增长较快的地区，并主要集中在东亚，其中中国南方是酸雨最严重的地区，成为世界上又一大酸雨区。

世界三大酸雨区：北欧、北美、东亚。北欧酸雨区：以德、法、英等国为中心，涉及大半个欧洲。北美酸雨区：美国和加拿大。东亚酸雨区：日本、韩国、中国的东北、华北、华东、华中、华南以及西南地区((彩)图 2.8)。酸雨成为 20 世纪三大全球环境危害之一。

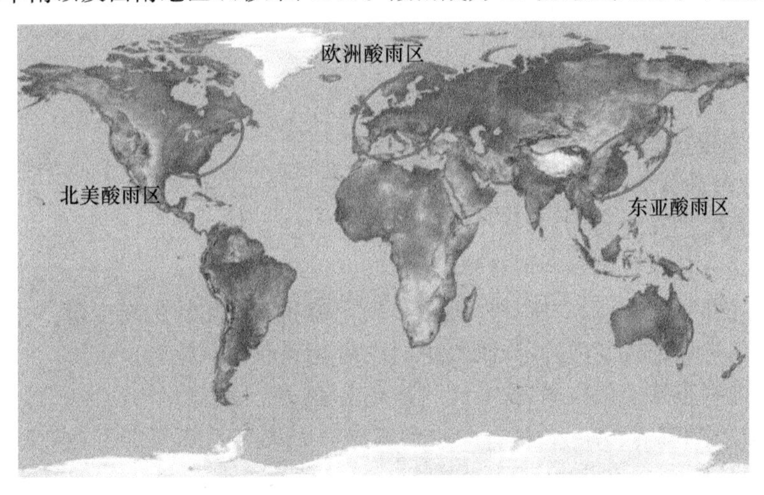

图 2.8　世界三大酸雨区

(2)我国降水酸度的空间分布

据气象部门1992—2012年的观测资料分析，我国酸雨区主要分布在中东部大部及东北东部部分地区，其中，山西南部、山东中部及长江以南大部地区酸雨较重，其降水酸度在4.5～5.0。强酸雨区主要分布在西南地区东部、湘鄂西部边界、湘赣边界南部、长三角、珠三角地区。我国北方的酸雨区覆盖范围主要分布于黄土高原以东的华北和东北地区，除少部分地区酸雨污染较严重外，总体状况好于南方地区((彩)图2.9)。

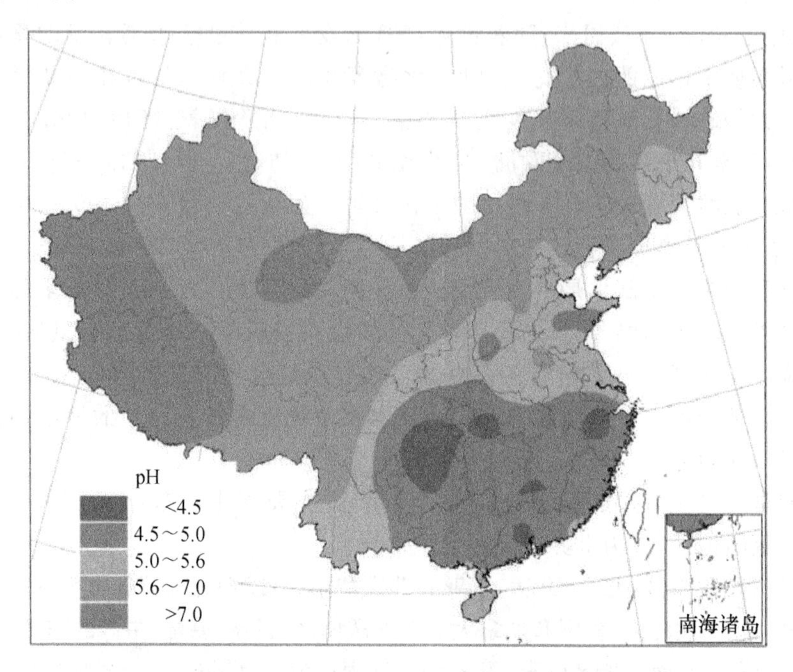

图2.9 1992—2012年中国酸雨分布

2.5.4 酸雨的控制措施与对策

(1)控制致酸前体物排放和酸雨的途径

控制致酸前体物排放和酸雨的主要途径有：

① 对原煤进行洗选加工，减少煤炭中的硫含量。

② 优先开发和使用各种低硫燃料，如低硫煤和天然气。

③ 改进燃烧技术，减少燃烧过程中二氧化硫和氮氧化物的产生量。

④ 采用烟煤脱硫装置，脱除烟气中的二氧化硫和氮氧化物。

⑤ 改进汽车发动机技术，安装尾气净化装置，减少氮氧化物的排放。

为综合控制燃煤污染，国际社会提倡实施一系列包括煤炭加工、燃烧、转换和烟气净化各个方面技术在内的清洁煤技术。这是解决二氧化物排放的最为有效的途径。美国能源部在20世纪80年代就把开发清洁能源和解决酸雨问题列为中心任务，从 1986 年开始实施了清洁煤计划，许多电站转向燃用西部的低硫煤。日本、西欧国家则比较普遍地采用了烟气脱硫技术。

控制酸雨污染是大气污染防治法律和政策的一个主要领域，它主要包括两方面的措施：一种是政策手段，即通过制定法律和空气质量标准、实施排放许可证制度等途径，要求采用“最佳可用技术”进行治理，以降低污染物的排放量；另一种手段是经济手段，即通过排污收费、征收污染税或能源税、发放排污许可证和排污权交易等多种途径，刺激和鼓励消减 SO_2 排放量，这种方法已经越来越多地被各国所接受。美国 1990 年修订了清洁空气法，建立了一套二氧化硫排放交易制度。据估计，由于实施了交易制度，只需要酸雨控制计划原来估算费用的一半，就可以实现到 2010 年将全国电站二氧化硫排放量在 1980 年基础上削减 50％的目标。

(2)酸雨控制国际行动

1972 年酸雨作为国际性环境问题首先在瑞典斯德哥尔摩召开的联合国人类环境会议上提出，瑞典政府做了环境酸化的主题报告，向全世界告知了酸雨的危害，阐述了酸雨及至酸物质的越境迁移。于是，缔结国际公约成为各国酸雨控制对策的重要组成部分。1975 年在赫尔辛基召开了全欧安全保障协作会议，提出了东西欧协作环境问题提案，以此为契机，广泛的酸雨对策公约应运而生。1979 年由 33 个国家，包括加拿大和美国，签订了长距离跨国大气污染公约(The Convention on Long－range Transboundary Air Pollution，LRTAP)。在此基础上欧洲经济合作组织于 1984 年 9 月制定了“欧洲大气污染物远距离输送监测和评价计划(European Monitoring and Evaluation Programme，EMEP)”，于 1988 年 1 月生效，其目的是为控制大气污染物越境输送提供基础数据。LRTAP 就广泛的原则规定了成员国联合研究行动，但尚没有规定任何具体措施来减少酸雨。1984 年 3 月的渥太华环境部长会议后，欧洲 20 多个国家于 1985 年在芬兰的赫尔辛基签订了硫排放控制协定，要求所有缔约国应以 1980 年的硫排放量为基础，最迟到 1993 年将其硫的年排放量或跨境通量消减 30％。1987 年在保加利亚的索菲亚，欧洲 25 个国家签署了另一份议定书，要求各国到 1995 年把氮氧化物的排放量冻结在 1987 年的水平。

(3)中国控制酸雨和致酸前体物的重大行动

自 20 世纪 80 年代以来，中国政府组织了较大规模的酸雨研究与监测，从酸雨来源、影响和控制对策与技术等方面开展了系列深入的研究工作。1990 年 12 月，国务院环境保护委员会第 19 次会议通过了《关于控制酸雨发展的意见》，提出在酸雨监测、酸雨科研攻关、二氧化硫控制工程和征收二氧化硫排污费 4 个方面开展工作。1992 年，国务院批准在贵州、广东两省和柳州、南宁、桂林、杭州、青岛、重庆、长沙、宜昌和宜宾开展征收工业燃煤二氧化硫排污费和酸雨综合防治试点工作。1992 年以来，工业污染物排放标准中逐步制定二氧化硫排放限值。1996 年，6 个部门二氧化硫排放标准颁布实施。2000 年 4 月，全国人大常委会通过了新修订的《大气污染防治法》，规定“国务院环境保护行政主管部门会同国务院有关部门，根据气象、地形、土壤等自然条件，可以对已经产生、可能产生酸雨的地区或者其他二氧化硫污染严重的地区，经国务院批准后，划定为酸雨控制区或二氧化硫污染控制区"（两控区）。1998 年 3 月，国务院批复了国家环境保护局（现为中华人民共和国生态环境部）上报的"两控区"划分方案。两控区划定范围约占国土面积的 11.4%，二氧化硫排放量占全国近 60%。要求到 2010 年全国二氧化硫排放总量控制在 2000 年排放水平以内，酸雨控制区降水 pH<4.5 的面积比 2000 年有明显减少（郝吉明 等，2010）。《国民经济和社会发展第十三个五年规划纲要》提出，改革主要污染物总量控制制度，扩大污染物总量控制范围。在重点区域、重点行业推进挥发性有机物排放总量控制，全国排放总量下降 10%以上。对中小型燃煤设施、城中村和城乡结合区域等实施清洁能源替代工程。沿海和汇入富营养化湖库的河流沿线所有地级及以上城市实施总氮排放总量控制。实施重点行业清洁生产改造。"两控区"的实施对 20 世纪 90 年代后期的酸雨污染改善有一定作用，但是，导致了污染排放的转移，未将 NO_x 考虑在内（郝吉明，2010）。

2.5.5 酸雨观测的目的

酸雨观测为研究酸雨的时空分布及其长期变化趋势提供宝贵的科学数据，为治理大气污染和防治酸雨提供重要科学依据，是服务于可持续发展战略和环境保护等国家决策的基础性工作。酸雨观测是气象业务工作的重要组成部分，是气象台站的基本任务之一。

复习思考题

1. 酸雨中的主要离子成分有哪些？
2. 酸雨是怎么形成的？
3. 酸雨污染的危害有哪些？
4. 世界的三大酸雨区位于哪些地区？
5. 我国的三大酸雨区位于哪些地区？

第3章　酸雨观测基础

酸雨观测是气象业务工作的组成部分，是一项重要的气象基础业务工作，基本观测要素为降水 pH、电导率。为了获取具有代表性、准确性、比较性的酸雨观测资料，观测场地要符合规范要求并关注观测环境变化；建设标准的实验室，配制工作设施、观测设备、器皿、化学试剂。

3.1　观测要素

降水 pH、电导率。

3.2　观测时效

3.2.1　人工观测酸雨降水采样日界

每日 08 时(北京时，下同)为酸雨观测降水采样的日界，当日 08 时至次日 08 时为一个降水采样日。

3.2.2　自动观测时效

酸雨自动观测采用北京时，每 24 h 采集一个降水样品(混合水样)，即当日北京时 08 时至次日 08 时。

3.3　观测任务要求

根据《酸雨观测业务规范》《酸雨观测规范》《酸雨自动观测业务规范(试行)》的规定，酸雨观测任务要求有：

(1)维护观测场的工作环境，保护好周边探测环境，按有关技术规定和要求填写和上报酸雨观测站环境报告书。要注意保持酸雨实验室的清洁卫生。

(2)正确安装、使用和维护仪器设备，定期进行巡检、维护和标校，确保仪器设备正常运行。

(3)进行自动观测时,采集酸雨自动观测数据、现场质量控制信息以及其他相关信息,记录与观测业务相关或可能对观测业务造成影响的各种事件和活动,填写酸雨巡检记录簿等。

进行人工观测时,采集降水样品,测量降水样品的 pH 与电导率,记录、整理观测数据,编制酸雨观测报表,报送酸雨观测资料。

(4)各观测站应监视本观测站观测资料的传输情况,省级监控部门应监视本省(自治区、直辖市)各观测站资料的传输情况,及时发现仪器和通信模块的工作故障,及时报警提示,并通知所属运行维护部门进行检查处理。

(5)如有需要,应按要求寄送降水样品,或对降水样品进行除 pH 与电导率以外的其他项目的测量。观测数据记录须真实、及时、详尽、规范。

(6)按要求参加和开展酸雨观测业务质量考核。开展观测的质量保证和质量控制。

(7)省级业务主管部门建立、健全酸雨自动观测值班制度、流程以及仪器/化学试剂的安全使用(操作)、管理制度以及观测工作质量的检查制度。台站结合本站实际,健全、细化站内上述制度、流程(中国气象局,2005)。

3.4 观测场地

3.4.1 场地的选址

(1)选址要求

酸雨观测场地是用于安装降水采样设备,降水量、风速和风向测量设备,以及其他辅助设备和设施的场所。应选择在远离工业区或居民聚集区,避开局地污染源的直接影响;地势平坦,避开高大建筑物;应选在地面气象观测场内;观测场地下垫面应有浅草覆盖,并铺设 0.3～0.5 m 宽的小路。

(2)酸雨观测站环境报告书

对观测场周边环境情况进行调查。新建酸雨观测站,应在开展酸雨观测工作 3 个月内完成《酸雨观测站环境报告书》的填写;已开展工作的酸雨观测站应在每年 1 月底前完成填写《酸雨观测站环境报告书》。《酸雨观测站环境报告书》的电子版应在完成填写后一周内及时上报国家级和省级酸雨业务主管部门,站内应妥善保存纸质档。《酸雨观测站环境报告书》格式见表 3.1。

表 3.1　酸雨观测站环境报告书

站名		区站号		填写日期	
经度		纬度		海拔高度	
观测场土壤类型及其 pH					
	全年	上年 12 月至本年 2 月	3—5 月	6—8 月	9—11 月
降水量(mm)					
主导风向、风频(%)、平均风速(m·s⁻¹)					
次主导风向、风频(%)、平均风速(m·s⁻¹)					

采样点周围 50 m 环境示意图：

	方位(北纬 0°)	5 km 以内	5～10 km	10～20 km	20～50 km
周围土地利用状况	东(45°～135°)				
	南(135°～225°)				
	西(225°～315°)				
	北(315°～45°)				

续表

	单位名称	直线距离	方位	燃料种类和用量	污染物种类	排放量
污染源调查						

备注：

填写：________ 审核：________ 站长：________

环境报告书的填写方法：

① 第一年填写观测环境报告书时，必须调查观测场的土壤类型，并实测土壤的pH，以后各年如无站点搬迁或站址场地改造，则可简略填写“无变化”。土壤pH的测量方法是，在降水采样点“十”字方位上的10 m和20 m处(共计8处)，等量挖取地表下1～5 cm内的干燥(自然风干后的)浅层土100 g(不能挖取2 a以内的回填土)，均匀混合后，从中取出100 g的土样，浸入300 mL的纯水中。每隔半小时搅拌一次，经5次搅拌并静置2 h后，取澄清后的水样测量pH。

② 主导、次主导风向和降水量统计栏目内，填写前3 a的统计结果。季节划分标准是上年12月至本年2月为冬季，3—5月为春季，6—8月为夏季，9—11月为秋季。

降水量填写前3 a年降水量、对应季节降水量的平均值。

全年主导(和次主导)风向、风速的统计方法如下：

首先制作前3 a的全年风玫瑰图，计算前3 a各个风向的频率和对应风速的算术平均值，风向平均频率最大者为主导风向，次者为次主导风向。如果在多个风向上有相等的风向频率极大值(或次极大值)，则选取平均风速最大的作为主导风向(或次主导风向)。如果在多个风向上有相等的风向频率极大值(或次极大值)和平均风速，则同时选取这几个风向作为主导风向(或次主导风向)。

各季节主导(和次主导)风向、风速的统计方法如下：

首先制作前3 a各季节的风玫瑰图。如在2004年1月填写2003年度《酸雨观测站环境报告书》,则以 2000 年 12 月、2001 年 1 月和 2001 年 2 月的地面气象资料制作第一年的冬季风玫瑰图;以 2001 年 3 月、4 月和 5 月的地面气象资料制作第一年的春季风玫瑰图;以 2001 年 6 月、7 月和 8 月的地面气象资料制作第一年的夏季风玫瑰图;以 2001 年 9 月、10 月和 11 月的地面气象资料制作第一年的秋季风玫瑰图。并以此类推,制作第二年和第三年的冬、春、夏、秋季的风玫瑰图。

计算前 3 年某一季节各个风向的频率和对应风速的算术平均值,风向平均频率最大者为主导风向,次者为次主导风向。如果在多个风向上有相等的风向频率极大值(或次极大值),则选取平均风速最大的作为主导风向(或次主导风向)。如果在多个风向上有相等的风向频率极大值(或次极大值)和平均风速,则同时选取这几个风向作为主导风向(或次主导风向)。

③ 观测场周围 50 m 范围,系指观测场围栏向外延伸 50 m 的范围。高大物体指高于 10 m 的树木、房屋、烟囱和塔杆等。如果与前一年情况相同,可简略填写"同上年"。

④ 土地利用状况按方位和距离填写,每栏最多填写三个主要特征(按照面积大小的顺序),如:城区、工业区、农业区、牧区、森林、湖泊、沼泽、海洋、裸露地表(包括山地)、沙漠等。如某一栏中相应的土地利用状况特征及其顺序与前一年相同,可简略填写"同上年"。某些大规模工程的工地可以在备注栏中注明。

⑤ 污染源调查栏内填写 20 km 以内化肥厂、农药厂、石油化工厂、火力发电厂、水泥厂、炼焦厂等大型污染源和 500 m 内的锅炉烟囱等污染源。栏目不足时,可增加附页。如果某一项污染源与前一年相同,可在名称以外各栏目中简略填写"同上年"。

在酸雨观测记录簿中,注明报送《酸雨观测站环境报告书》的日期。

3.4.2 观测场仪器布设

按照《地面气象观测规范》和《酸雨观测业务规范》的有关要求,安装在地面气象观测场内的设备布置要求如下,具体位置参考图 3.1。

(1)观测场地内设备包括降水采样(分析)设备、感雨器及雨量计等其他辅助设备。感雨器应安装在自动观测设备西侧附近(间距不超过 1.0 m)的水泥底座上,雨量计安装在酸雨自动观测仪器南边约 1.1 m 处。

(2)酸雨自动观测仪器与地面气象观测仪器间应互不影响和便于观测操作。

(3)南北向设备间距应≥3 m,东西向应≥4 m,设备与围栏的间距应≥3 m。

(4)降水采样装置四周天顶方向±45°角范围内不应有遮挡。

(5)自动观测仪器应安装在原人工降水采样位置,替代人工采样。原人工降水采样装置,向西平行移动 2 m,作为自动仪器出现故障时的备份或开展平行比对观测使用。

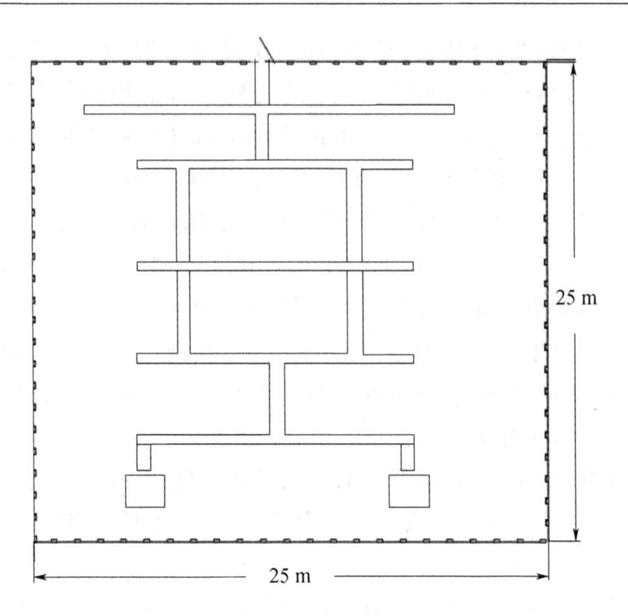

图 3.1 酸雨自动观测仪器安装位置图

3.5 观测场地供电及通信条件

220(±15%) V 的交流电源,50 Hz,观测场应具有独立的供电线路供自动观测系统使用,供电功率≥2 kW。应配备具有稳压过滤功能的稳压电源或不间断电源,以保证仪器供电的电压波动≤±5%。

按地面气象观测规范的有关要求建设管线地沟,须敷设供电、通信等线缆,并做到防水、防鼠和便于检修、维护。

设备以串口的通信方式,通过数据综合控制器和地面综合观测业务软件台站地面气象观测业务软件进行通信。

3.6 实验室

3.6.1 实验室环境条件

酸雨观测实验室是进行降水采样准备、对降水样品进行分析的场所,其基本要求是:

(1)墙面和地面光洁,不起尘,防震、防晒、防腐蚀。

(2)实验室面积≥10 m^2,应留有开展仪器比对的空间。"分体式"分析单元放在操作台旁边,四周应留有≥60 cm 的维护和检修空间。

(3)具备稳定的 220 V 交流电源，电压波动应<10%，供电功率≥2 kW；必要时，应配备稳压电源和不间断电源。

(4)室内温度应全年控制在 10～30 ℃。

(5)安装通风或空调设备，避免潮湿，不得使用震动和强电磁干扰设备。

(6)实验室应注意防火和安全。

3.6.2　实验室设施配备

(1)酸雨观测实验室应按下列要求配备必需的工作设施：

① 配备给排水设施、水池等设施或装置，便于器皿洗涤。

② 测量分析专用工作台。高度 0.7～0.9 m，面积≥0.6 m×1.2 m，台面应具有耐腐蚀性，铺厚度为 0.1 cm 以上塑料板或橡皮板，安置应稳固、水平，且应避开太阳直射。距工作台 0.5 m 的范围内须有固定的电源插座。

③ 专用采样桶工作台。除无固定电源插座外，其余要求同上。

④ 专用贮藏柜，用于存放化学试剂和仪器备件等。

⑤ 冷藏电冰箱，用于存放降水样品等。

⑥ 专用工作服(白大褂)。

(2)酸雨观测常用器皿和器具

① 常用器皿和器具

各种器皿和器具均不得挪作它用，在使用后应及时清洗、干燥或擦拭，分类放置，保持清洁，使用玻璃器皿时要轻拿轻放。常用的器具包括不锈钢剪刀、不锈钢镊子、玻璃棒、角匙、洗涤用的各种毛刷、纱布和滤纸等。酸雨观测常用的器皿详见表 3.2。

表 3.2　酸雨观测常用的器皿

名称	规格	最低数量	等级、种类	主要用途
烧杯	50 mL	5	无色玻璃或聚乙烯	配制溶液、盛放降水样品
	100 mL	3		
	250 mL	2		
	500 mL	2		
容量瓶	250 mL 或 500 mL	4	无色玻璃，二等品以上	配制标准缓冲溶液
试剂瓶	250～500 mL	2	无色玻璃，二等品以上	配制标准缓冲溶液
表面皿	ϕ5～12 cm	若干	无色玻璃，二等品以上	作为烧杯等样品容器的临时覆盖物
洗瓶	250～1000 mL	2	聚乙烯	冲洗器皿和器具
托盘	20 cm×30 cm	2	白色，搪瓷或塑料制	盛放器皿和器具
采样桶	45 cm×ϕ40 cm	2	白(无)色，聚乙烯，带盖	采集降水样品
塑料瓶	100～200 mL	若干	白(无)色聚乙烯，双重密封盖	保存样品、标准缓冲溶液等

② 容量瓶在使用前的检查

在第一次使用前需对其进行瓶塞漏液试验，检查是否密闭。具体做法是：在容量瓶内注入纯水至标线附近，盖上瓶塞，用手按住，倒置容量瓶，观察瓶口是否有水渗出。如无，将瓶直立，将瓶塞旋转180°后，重新盖好，重复上述动作，检查瓶口是否有漏（渗）水。瓶塞有漏水现象的容量瓶不能使用。另外，容量瓶的瓶塞是非标准的磨口塞，要注意保持原瓶原塞，不同容量瓶的瓶塞绝对不能互换使用。

③ 器皿的洗涤和干燥

首次使用的玻璃（聚乙烯）器皿，应先用合成洗涤剂刷洗，然后用自来水冲洗干净，再用6 mol·L^{-1}的盐酸溶液浸泡24 h后，再用自来水冲洗至中性，最后用纯水涤荡3次。

用过的玻璃（聚乙烯）器皿，应先经自来水冲刷，后用合成洗涤剂刷洗，再用自来水冲洗干净，最后用纯水涤荡3次。

带有磨口的玻璃器皿，不得用试管刷等硬物擦洗。例如，容量瓶的清洗，只能加入少量自来水（或纯水）后，盖上瓶盖，用力涤荡。

洗净后的器皿应自然晾干或烘干，避免降尘的影响。计量器皿和聚乙烯器皿则只能自然晾干。

(3)常用化学试剂和纯水

① 常用化学试剂

酸雨观测中，必须按照规定配备和使用化学试剂，其纯度等级为化学纯或分析纯。常用的化学试剂有氯化钾、盐酸、邻苯二甲酸氢钾、混合磷酸盐、四硼酸钠（硼砂）等。化学试剂应分类放在贮藏柜内保存，干燥通风，避免阳光直射。常用的化学试剂见表3.3。

表3.3 酸雨观测常用的化学试剂

品名	物质纯度等级	主要用途	使用注意事项
氯化钾	分析纯	pH计复合电极添加试剂，用于电导电极标定	对人体无明显毒害作用
盐酸	35%～36% 化学纯	清洗测试和采样用各种玻璃、聚乙烯器皿容器	对皮肤和呼吸道有强烈刺激，对衣物有腐蚀作用；使用时注意通风，溅落到人体或衣物时应立即用水冲洗；要将酸缓慢加入水中稀释，不要反向操作
邻苯二甲酸氢钾	化学纯	配制标准缓冲溶液	如误食，可有轻微毒害作用
混合磷酸盐	化学纯	配制标准缓冲溶液	对人体无明显毒害作用
四硼酸钠	化学纯	配制标准缓冲溶液	如误食，可有轻微毒害作用

② 纯水

水是最常见的、性能极佳的溶剂，从自然界直接获得的水中往往含有各种杂质。制备纯水就是将这些杂质从水中分离出去。常用的纯水制备方法有蒸馏法、离子交换法、过滤法等，不同的制备方法对不同的杂质有不同的去除效果。蒸馏法用电热蒸馏器加热原水，蒸馏制得蒸馏水，对各类不同性质的杂质均有较好地去除效果；离子交换法只能去除水中所含的可溶性盐类，是将蒸馏水通过离子交换柱，进一步去除其中的可溶性盐类杂质以提高水的化学纯度；过滤法一般只能去除水中所含的不溶性杂质。根据制备方法，纯水也常被称为蒸馏水、去离子水、过滤水等。

配制试剂和分析操作中需使用去离子水或二次蒸馏水，简称纯水，其电导率应$<10\ \mu S \cdot cm^{-1}$。纯水须保存在专用容器内，盖好盖子，以减少与流动空气的直接接触，并放在阴凉、无阳光直射的地方，避免受热。

酸雨观测必须按规定使用纯水配制标准缓冲溶液和清洗器皿。酸雨观测站应每月定期测量本站使用纯水的K值，更换纯水时也须测量其K值，以保证所使用纯水的K值不超过$10\ \mu S \cdot cm^{-1}$。测量结果应记录在酸雨观测记录簿的备注栏内。

建议在对样品进行正式测量前，先对纯水的K值进行测量，以确保其在规定的范围内。

3.7　氯化钾和标准缓冲溶液的配置方法

3.7.1　氯化钾配制方法

(1)准备好角(塑料)匙、称量盘(塑料制、表面光滑洁净)、250 mL烧杯1只、250 mL容量瓶1只、玻璃(塑料)棒、塑料瓶(有盖)等，洗净后烘干。

(2)准备好氯化钾(KCl)试剂、纯水，以及精度0.1 g的托盘天平。

(3)计算试剂用量。此处以配制250 mL的3 M氯化钾(KCl)溶液为例计算。

氯化钾的摩尔质量＝氯化钾的分子量＝39.1＋35.45＝74.55 $g \cdot mol^{-1}$；

250 mL的3 M氯化钾溶液中氯化钾的摩尔数＝3×0.25＝0.75 mol；

氯化钾的质量＝摩尔数×摩尔质量＝0.75 × 74.55＝55.91 ≈ 55.9 g。

知识链接

容量瓶使用方法

关于检漏

在使用容量瓶之前，首先检查磨口塞或塑料塞是否漏水，具体步骤为：在容量瓶内装入半瓶水，塞紧瓶塞。用右手食指按住塞子，另一只手五指托住容量瓶底，将瓶倒立2 min，用干滤纸片沿瓶口缝隙处检查看有无水渗出。若不漏水，将瓶直立，旋转瓶塞180°，塞紧。再倒立2 min，如果仍不漏水则可使用。

关于读数

由于容量瓶仅有一条刻度线，所以容量瓶读数时只需平视液面凹面，使液体的弯月面(凹液面)与刻度线正好相切即可。

(4)先将称量盘置于托盘天平上,读取其质量数。再从试剂瓶内用角(塑料)匙挖取适量氯化钾,放入称量盘内,称取氯化钾 55.9±0.1 g。

(5)将称取的氯化钾,全部倒入 250 mL 烧杯,逐次加入纯水至烧杯的 1/2 处,并用玻璃棒搅拌,至氯化钾全部溶解。

(6)将溶解的氯化钾小心转移到 250 mL 容量瓶中,再用少量纯水冲洗烧杯 2～3 次,并将冲洗液也转移到容量瓶中,然后逐次加入纯水至容量瓶的刻度线,盖好瓶塞,反复颠倒振摇,使溶液混合均匀。

(7)将配置好的 3 M 氯化钾(KCl)溶液,倒入塑料瓶中,盖好盖子,保存。

3.7.2 标准缓冲溶液配制方法

(1)要求

酸雨观测站可根据本地降水 pH 的变化范围,选择配制或购买标准缓冲溶液。降水的 pH 常年低于 7.00 的测站,应选择配制或购买酸性和中性标准缓冲溶液。降水的 pH 常年高于 7.00 的测站,应选择配制或购买碱性和中性标准缓冲溶液。

(2)配制方法

标准缓冲溶液是用相应的化学试剂和纯水按照要求配制而成的,它具有相对稳定的 pH,用于校准 pH 计。酸雨观测中使用 3 种不同 pH 的标准缓冲溶液(见表 3.4)。

表 3.4 标准缓冲溶液

种类	pH (25.0 ℃)	化学名称	分子式	浓度 ($mol \cdot L^{-1}$)	250 mL 溶液的配制剂量 (g)
酸性标准缓冲溶液	4.008	邻苯二甲酸氢钾	$KHC_8H_4O_4$	0.050	2.530
中性标准缓冲溶液	6.865	混合磷酸盐	Na_2HPO_4 KH_2PO_4	0.025 0.025	0.883 0.847
碱性标准缓冲溶液	9.180	四硼酸钠	$Na_2B_4O_7 \cdot 10H_2O$	0.010	0.950

标准缓冲溶液应使用容量瓶进行定量配制。配制步骤如下:

① 准备好配置标准缓冲溶液所对应的化学试剂,其等级和标准应符合表 3.3 的要求。包装破损或标识不清者,不能使用。

② 准备好洗净待用的 100 mL(或 250 mL)烧杯和玻璃棒、250 mL 容量瓶、500 mL 试剂瓶、盛有纯水的洗瓶、不锈钢剪刀、标签纸和滤纸等。

知识链接

配制标准缓冲溶液的注意事项

在配制 pH=6.86 与 pH=9.18 的标准缓冲溶液所使用的水,应预先煮沸 15～30 min,除去溶解的二氧化碳。在冷却过程中应避免与空气接触,以防止二氧化碳的污染。

③ 按照表 3.4 的配准剂量，将试剂倒入烧杯中。再向烧杯内加注约 50～60 mL 纯水，用玻璃棒搅动直至试剂全部溶解，仔细地将溶液顺着玻璃棒转移到容量瓶内。

④ 用 20～30 mL 纯水清洗烧杯，并将清洗液转移到容量瓶中，如此重复 3 次。

⑤ 缓慢向容量瓶中加注纯水，当达到容量瓶的 3/4 体积时，用手托住容量瓶瓶底，摇动 3～4 次，使溶液混匀。然后继续加注纯水，液面接近刻度线约 1～2 cm 时小心逐滴加注，直至溶液的弯月面下凹点与刻度线相切。观察时，容量瓶要放平，目光要平视。

⑥ 盖上容量瓶盖，用一只手握住容量瓶球颈，拇指按住瓶盖，另一只手托住容量瓶球体，双手摇动容量瓶并上下倒置 5～10 次，使溶液充分混合均匀。

⑦ 将配制完成的标准缓冲溶液转移至试剂瓶中，贴好标签，标注标准缓冲溶液的名称、pH、配制时间和配制人员姓名。

⑧ 在酸雨观测记录簿中，记录标准缓冲溶液的配制人员姓名、时间、化学药品名称、容量瓶体积等原始数据。

(3)注意事项

① 在配制过程中，出现试剂、溶液洒出或液面超过刻度线，必须重新配制。

② 标准缓冲溶液的使用和保存时间最长为 3 个月。保存时，应放置在洁净、无阳光直射的地方，或放在 4～10 ℃的冰箱内。

③ 严禁使用出现混浊或沉淀的标准缓冲溶液。

3.8　设备、器材及使用管理

3.8.1　设备和器材

(1)人工观测设备

人工观测酸雨设备包括人工采样设备、pH 计和电导率仪。

(2)自动观测系统

酸雨自动观测系统由自动降水采样器、降水样品自动分析仪和数据综合处理软件组成，分为“一体式”和“分体式”。

3.8.2　使用与管理要求

(1)仪器管理

建立酸雨观测各类仪器和备品备件登记册，详尽记录仪器名称、型号、规格、数量、使用损耗、校准及备品备件购买数量、日期、更换、使用情况等。备品备件应在固定位置放置，不得任意搬动，不使用时要罩上洁净的棉布(或专用塑料)仪器罩。

酸雨自动观测仪器由专人维护，确保仪器处于良好的工作状态。仪器及备件的购置、拆箱、验收、安装和调试应由经过业务培训的人员承担。酸雨观测使用的备用人工 pH 计、电导率仪和各测量电极也应由专人管理。

定期对仪器性能进行检查，定期更换 pH 计和电导率的测量电极，以保证仪器始终处于正常工作状态。检查结果应记录在酸雨观测记录簿的备注栏中。

(2)化学试剂

建立化学试剂的保管制度。化学试剂应放在贮藏柜内，贮藏环境应干燥、通风，避免阳光直射。化学试剂和物品应分类存放，且有固定位置，不得混装、混放，以免拿错或互相污染。

新购置的化学试剂应储存在原试剂瓶内。配制的化学试剂应盛放在有密封塞的试剂瓶中密闭保存，并在试剂瓶外上部贴上注明试剂内容的标签，标签要书写工整，使用防水标签或标签表面涂蜡(或贴上一层透明胶带)以防受潮(或腐蚀)脱落。取用试剂后，试剂瓶仍需放回原处，未用完的试剂不能倒回试剂瓶中。严禁使用过期失效的试剂。

使用后的废试剂应进行中和后做深埋处理，不可随意倾倒，以免污染环境(中国气象局，2005)。

复习思考题

1. 酸雨的观测要素有哪些？
2. 自动观测时效和对时的要求。
3. 酸雨观测场址有哪些要求？
4. 酸雨观测实验室的环境条件有哪些？
5. 酸雨观测实验室应配备哪些工作设施？
6. 酸雨观测器皿的洗涤和干燥要求是什么？
7. 酸雨观测中有哪些常用化学试剂？
8. 氯化钾配置方法？
9. 标准缓冲溶液配制方法？
10. 酸雨观测仪器的使用管理要求有哪些？
11. 化学试剂的使用和管理要求有哪些？
12. 如何对容量瓶进行瓶塞漏液试验，检查其是否密闭？
13. 玻璃棒在酸雨观测实验中有什么用途？
14. 常用的标准缓冲溶液有哪些？若某测站 pH$>$7.00 的降水量占全年的 90% 以上，其该配制什么标准缓冲溶液来进行 pH 计的标定？
15. 首次使用或在使用中严重污染的玻璃(聚乙烯)器皿如何进行洗涤？

第4章　酸雨人工观测

人工观测设备有人工降水采样设备、pH 计、电导率仪。本章讲述人工降水采样设备的要求和安装，pH 计和电导率仪的测量原理、结构、安装、使用、维护，降水样品 pH 和电导率的测量。

4.1　人工降水采样设备

人工降水采样设备包括降水采样架和降水采样容器。

降水采样架由金属材料制成，表面作防腐处理。降水采样架应稳固地固定在基座上，基座高度不得超过地面 10 cm。基座用混凝土构筑，尺寸≥0.6 m×0.6 m，厚度≥0.4 m。

降水采样容器为采样桶或采样桶加采样袋，并符合以下要求：(1)采样桶为白(无)色聚乙烯塑料桶，上口直径 40 cm、高 45 cm，配用桶盖；(2)与采样袋配合使用的采样桶，其底部应开一直径 5～10 mm 小孔，以便排除采样袋与采样桶壁间的空气；(3)采样袋由聚乙烯或尼龙制作，其尺寸与采样桶相配合，展开后能够贴附于桶的内壁上，且上沿能够翻出采样桶 5 cm，以便于固定。采样袋为一次性使用。

采样桶(或采样桶加采样袋)应能稳妥地安放在降水采样架上，保持桶口水平，不易被大风吹动，如图 4.1 所示。采样桶口距地面高度应为 120～150 cm。

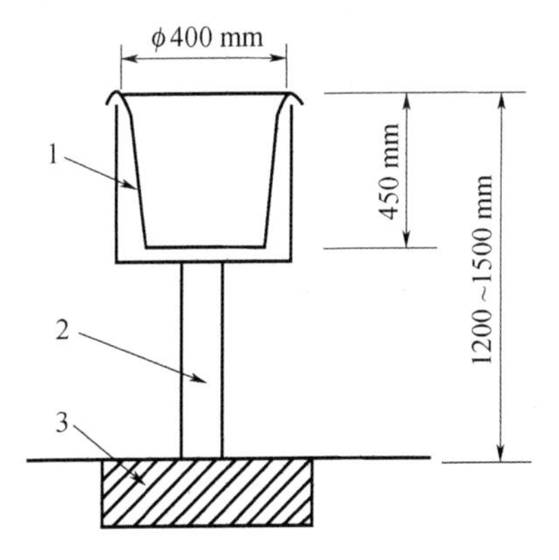

图 4.1　降水采样架和降水采样桶的安装示意图(中国气象局，2017)

(1. 采样桶(或采样桶加采样袋)，2. 降水采样架，3. 基座。安装地点见 3.4.2)

4.2 pH 计的测量原理、结构

4.2.1 电位法测量 pH 的基本原理

电位法是利用玻璃电极对水溶液中氢离子浓度变化的选择性地响应，与参比电极一起在溶液中组合形成“化学电池”，通过对其电动势变化的测量，确定溶液的 pH，电位法的测量原理如图 4.2 所示。

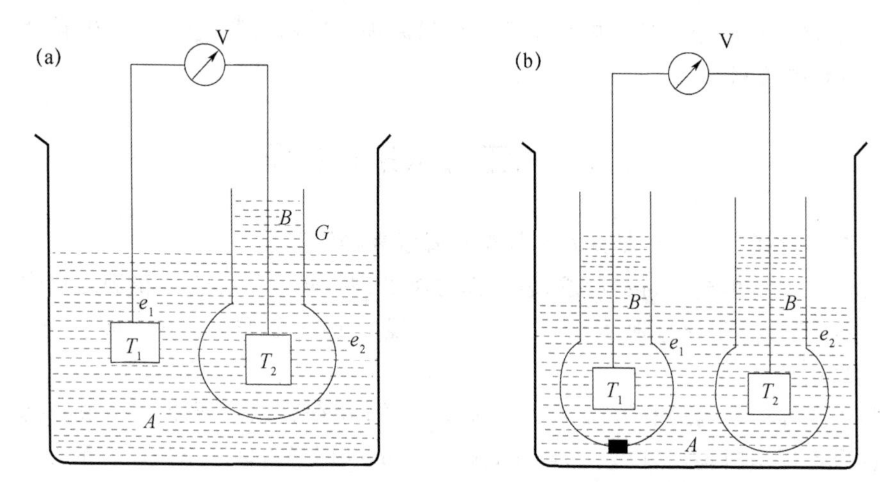

图 4.2 电位法测量水溶液 pH 的原理示意图

如图 4.2(a)所示，当盛有溶液 B 的特殊玻璃容器 G 浸入在另一种溶液 A 中时，容器 G 的玻璃膜(由特殊玻璃制作)两侧会产生极微弱的电动势 E，该电动势与溶液 A 和 B 的 pH 之差有关。此时，只要能够测量玻璃膜两侧的电动势，就可以得知溶液 A 与 B 的 pH 之差，当已知溶液 B 的 pH 时，就可以测得溶液 A 的 pH。

为了测量电动势 E，在溶液 A 与 B 内分别放入金属电极 T_1 和 T_2。由于 T_1 和 T_2 与溶液 A、B 间会产生接触电位差 e_1 和 e_2，因此用电位差计可测量它们，并可写出下式：

$$V=e_1+E+e_2 \tag{4.1}$$

为了消除金属电极与溶液 A，B 间所产生接触电位差 e_1，e_2 对电动势 E 的影响，将图 4.2(a)的装置改成为如图 4.2(b)的装置。即将电极 T_1 也同样浸入盛有溶液 B 的另一容器内，但是该容器底部有一多孔性溶液络合材料，以便能够保持容器内外电路的连通，并且容器内外不存在电位差。此时，由于电极 T_1 和 T_2 浸入同样性质的溶液中，e_1 和 e_2 相等，互相抵消。在实际应用中，电极 T_2 的玻璃容器称为玻璃电极，而电极 T_1 的容器称为参比电极。在两个电极中同时装入饱和的氯化钾溶液后，用高准确度的电位差计测量两电极间的电动势 E。根据热力学推导，由玻璃电极和参比电极组合而成的测量装置所得到的电动势 E 可由 Nernst 方程表示，即：

$$E=k\times\frac{2.303RT}{F}\times(pH_i-pH_x)+E_a \tag{4.2}$$

式中，R 为理想气体常数；T 为绝对温度；F 为法拉第常数；k 为斜率系数，理论值等于 1；pH_x 为待测溶液的 pH；pH_i 为玻璃电极内溶液的 pH，一般等于 7；E_a 为不对称电位。

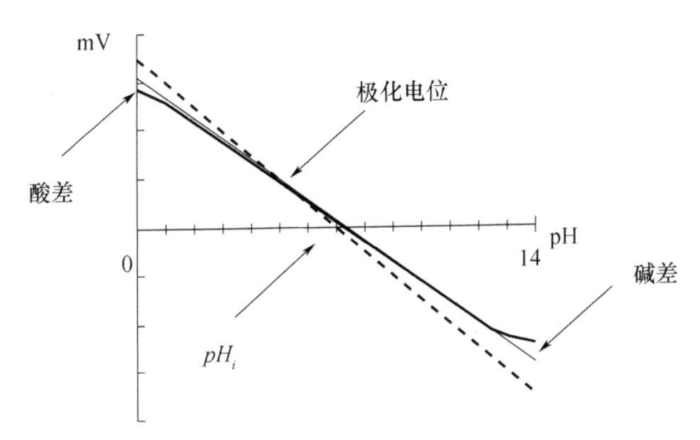

图 4.3　玻璃电极的实际 pH 电位响应曲线和理论曲线的差别

根据式(4.2)，当 $k=1$、$E_a=0$ 时，玻璃电极与参比电极间的电动势 E 与待测溶液的 pH 间的 pH 电位响应曲线应与图 4.3 中所示的理论直线（虚线）相一致。但是，如图 4.3 中的粗实线所示，由于极化电位的存在以及斜率 k 略小于理论值，因此实际的 pH 电位响应曲线与理论直线并不一致，并且由于存在着酸差和碱差效应，在强碱性和强酸性的溶液中 pH 电位响应曲线偏离线性。尽管如此，用电位法测量溶液 pH 的线性响应范围是比较宽的，可以满足环境降水监测的需要。

利用上述原理制作的测量仪器称作 pH 计。在新型的 pH 计中，一般将玻璃电极和参比电极制作在一起，通称复合电极。

4.2.2　基本电路结构和工作原理

pH 计由 3 个部件构成，简单地说就是电极和电流计组成的。

(1)一个参比电极；

(2)一个玻璃电极，其电位取决于周围溶液的 pH；

(3)一个电流计，该电流计能在电阻极大的电路中测量出微小的电位差。

参比电极的基本功能是维持一个恒定的电位，作为测量各种偏离电位的对照。银—氧化银电极是 pH 中最常用的参比电极。

玻璃电极的功能是建立一个对所测量溶液的氢离子活度发生变化作出反应的电位差。把对 pH 敏感的电极和参比电极放在同一溶液中，就组成一个原电池，该电池的电位是玻璃电极和参比电极电位的代数和。

电流计的功能就是将原电池的电位放大若干倍，放大了的信号通过电表显示出，电表指针偏转的程度表示其推动的信号的强度，为了使用上的需要，pH 电流表的表盘刻有相应的 pH 数值；而数字式 pH 计则直接以数字显示 pH。

根据式 4.2 可知，如果能够准确地测量玻璃电极和待测溶液组成的“测量化学电池”的电动势 E_x，就可以测量溶液的 pH。因此，pH 计的基本结构主要包括玻璃电极和电位差测量仪表，其等效电路如图 4.4 所示。图 4.4 左侧的“测量化学电池”的电动势 E_x 由 Nernst 方程决定，其内阻 R_x 由玻璃电极的特性决定，另一侧的测量仪表主机为高准确度的电位差计，为了保证测量的准确度，其输入阻抗 R_i 应满足 $R_i \gg R_x$ 的条件。

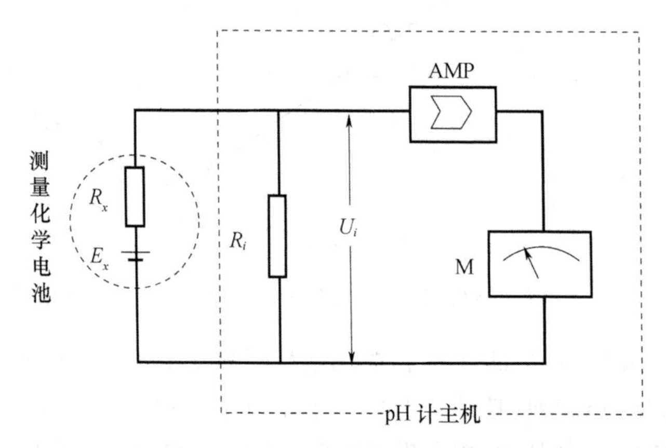

图 4.4　pH 计的等效电路原理图

当 $R_i \gg R_x$ 时，R_x 对测量 E_x 的影响可以忽略，电位差计测得的电位差 U_i 等于玻璃电极产生的电动势 E_x。于是，由 Nernst 方程可得：

$$E_x = E_0 + S \times pH \tag{4.3}$$

式中，E_0 为零电位，S 为斜率。

在实际应用的 pH 计中，其测量仪表部分都设计了仪器零点电位调节电路，即产生一个与 E_0 大小相等、极性相反的电位来抵消 E_0。在 pH 计的实际操作中，用已知 pH 的标准缓冲溶液进行仪器的“定位”，就是要确定 E_0 的大小，进而使式(4.3)简化为：

$$E_x = S \times pH \tag{4.4}$$

式中，斜率 S 除与玻璃电极的特性有关外，还与待测溶液的温度、电位差计的输入特性等因素有关，需要进一步通过校准予以确定，这就是实际测量操作中用两种已知 pH 的标准缓冲溶液进行“斜率”校准的原因。由此可见，pH 计采用的是比较法的测量原理，在测量样品前，用 2 种具有稳定 pH 的标准缓冲溶液，对仪器进行“斜率”校准和零点“定位”(中国气象局，2005)。

4.2.3　pH 计测量仪器

4.2.3.1　pH 计的选型

《酸雨观测规范》(GB/T 19117—2017)规定，酸雨观测使用的 pH 计应满足以下要求：

(1)使用 GB/T 11165—2005 中规定的 0.01 级 pH 计测量降水样品 pH，其测量范围为 1～14，具有温度自动补偿功能(0～40 ℃)。

(2)在测量电导率为 10～500 $\mu S \cdot cm^{-1}$ 的降水样品时，pH 计应满足以下指标要求：

① 测量误差：优于±0.1；

② 重复性误差：优于 0.05；

③ 响应时间：≤60 s；

④ 漂移(5 min)：≤±0.05。

4.2.3.2　常用 pH 计介绍

由于各种型号的 pH 计测量原理相一致，本书仅以雷磁 PHS-3E 型 pH 计为例进行讲解以方便叙述。仪器的外观见图 4.5。

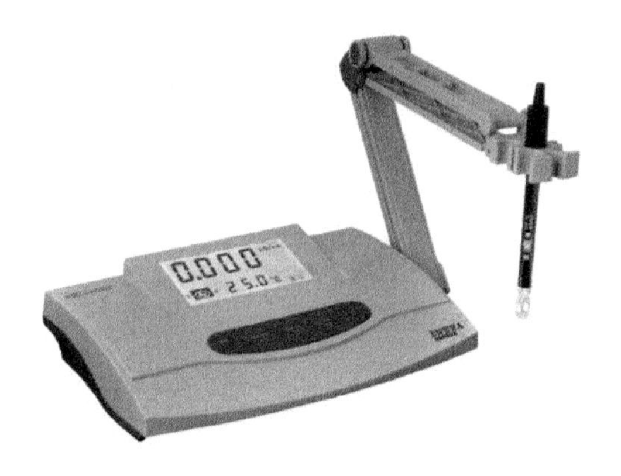

图 4.5　雷磁 PHS-3E 型 pH 计外观图

(1)概述

雷磁 PHS-3E 型精密 pH 计由上海精密科学仪器有限公司雷磁仪器厂生产，是一台常用的实验室精密 pH 计，仪器增加了自动标准缓冲溶液识别功能，具有识别 pH=4.00、pH=6.86、pH=9.18 这 3 种标准缓冲溶液的能力，方便用户使用；且仪器增加了一些必要的保护功能和提示功能，方便用户操作和使用。

该仪器适用于大专院校、研究院所、工矿企业的化验室取样测定水溶液的 pH 和电位(mV)值、此外，还可配上离子选择性电极，测出该电极的电极电位。

(2)主要技术性能

主要技术性能指标：

① 仪器级别:0.01 级

② 测量范围: pH:(0～14.00) pH

mV:(0～±1999) mV(自动极性显示)

℃:(0～99.9) ℃

③ 最小显示单位:0.01 pH,1 mV,0.1 ℃

④ 具有对 pH=4.00、pH=6.86、pH=9.18 这 3 种标液自动识别功能;

⑤ 温度补偿范围:(0～99.9)℃

⑥ 电子单元基本误差: pH:±0.01 pH　mV:±1 mV

℃: ±0.3 ℃

⑦ 仪器的基本误差:±0.02 pH±1 个字;±0.5℃±1 个字

⑧ 电子单元输入电流:$\leqslant 1\times 10^{-12}$ A

⑨电子单元输入阻抗:$\leqslant 1\times 10^{12}$ Ω

⑩ 温度补偿器误差:≤±0.01 pH±1 个字

⑪ 电子单元重复性误差:pH:≤0.01 pH　mV:≤1 mV

℃:0.3 ℃

⑫ 仪器重复性误差:≤0.01 pH

⑬ 电子单元稳定性:0.01 pH±1 个字/3 h

⑭ 外形尺寸 $1\times b\times h$,290mm×210mm×95mm

⑮ 重量:1.5 kg

⑯ 正常使用条件

a. 环境温度:(5～40) ℃;

b. 相对湿度:≤85%;

c. 供电电源:交流电 (220±22) V,(50±1) Hz;

d. 除地球磁场外无其他磁场干扰。

(3)仪器结构

① 仪器外型结构

雷磁 PHS-3E 型 pH 计外形结构见图 4.6。

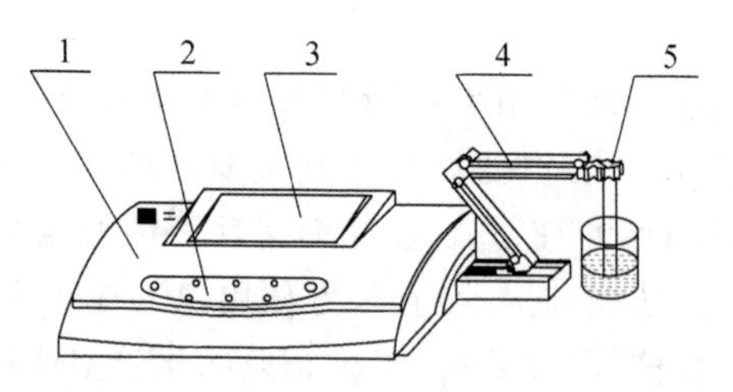

图 4.6　雷磁 PHS-3E 型 pH 计外型结构图

(1. 机箱,2. 键盘,3. 显示屏,4. 多功能电极架,5. 电极)

② 仪器后面板

雷磁 PHS-3E 型 pH 计后面板见图 4.7。

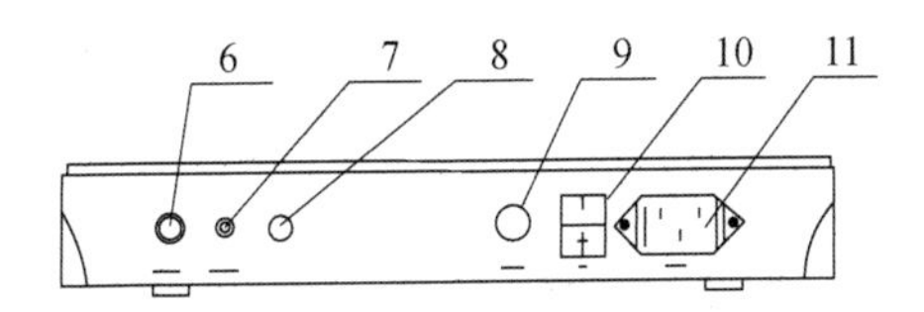

图 4.7 雷磁 PHS-3E 型 pH 计后面板图

(6. 测量电极插座,7. 参比电极接口,

8. 温度电极插座,9. 保险丝,10. 电源开关,11. 电源插座)

③ 仪器键盘说明

a. "pH/mV"键,此键为双功能键,在测量状态下,按一次进入"pH"测量状态,再按一次进入"mV(电位)"测量状态;在设置温度、定位以及设置斜率时为取消键,按此键退出功能模块,返回测量状态。

b. "定位"键,此键为定位选择键,按此键上部"△ "为调节定位数值上升;按此键下部"▽"为调节定位数值下降;

c. "斜率"键,此键为斜率选择键,按此键上部"△ "为调节斜率数值上升;按此键下部"▽"为调节斜率数值下降;

d. "温度"键,此键为温度选择键,按此键上部"△ "为调节温度数值上升;按此键下部"▽"为调节温度数值下降;

e. "确认"键,此键为确认键,按此键为确认上一步操作。

④ 仪器附件

雷磁 PHS-3E 型 pH 计仪器附件见图 4.8。

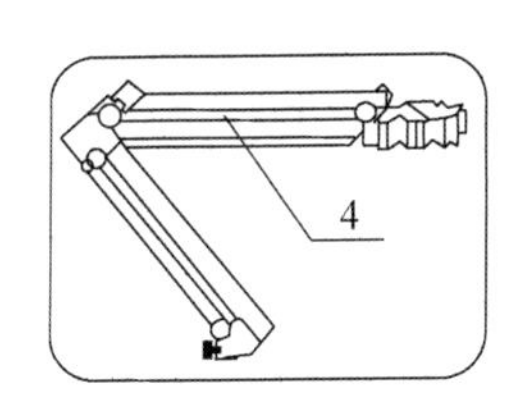

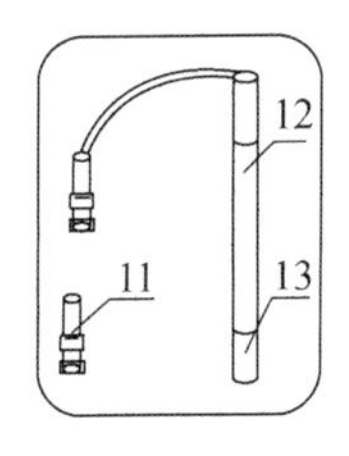

图 4.8 雷磁 PHS-3E 型 pH 计仪器附件

(11. Q9 短路插,12. E-201-C 型 PH 复合电极,13. 电极保护套)

4.3 电导率仪的测量原理、结构

4.3.1 电导率仪的测量 *K* 值的基本原理

水溶液依靠其中带电离子的移动传导电流,因此水溶液的电导率大小与其所含

带电离子(杂质)的数量有关。在完全纯净的水中,只有极少量的带电离子,其 K 值约为 $5.6\times10^{-2}\mu S\cdot cm^{-1}$,一般纯水(蒸馏水或去离子水)的 K 值要高 1～2 个数量级,约在 $0.5\sim10\ \mu S\cdot cm^{-1}$ 的范围,而含有较多杂质水体的 K 值可高达数千 $\mu S\cdot cm^{-1}$。

水溶液 K 值的测量需利用一对相互平行且面积和间距已知的电极,一般称为电导测量电极,简称电导电极。当电导电极浸入溶液时,在两电极板间的水溶液构成传导电流的导体。设电极的有效截面积为 A,间距为 L,两电极间水溶液的电阻为 R。根据 K 值的定义,溶液的 K 值可简单地由下式算出:

$$K=\frac{1}{\rho}=\frac{L}{A}\times\frac{1}{R}=\frac{Q}{R} \tag{4.5}$$

依据上述原理设计的测量仪器称为电导率仪。

4.3.2 基本电路结构和工作原理

电导率仪主要由电导电极和主机两部分组成。图 4.9 是电导率仪的电路原理图。

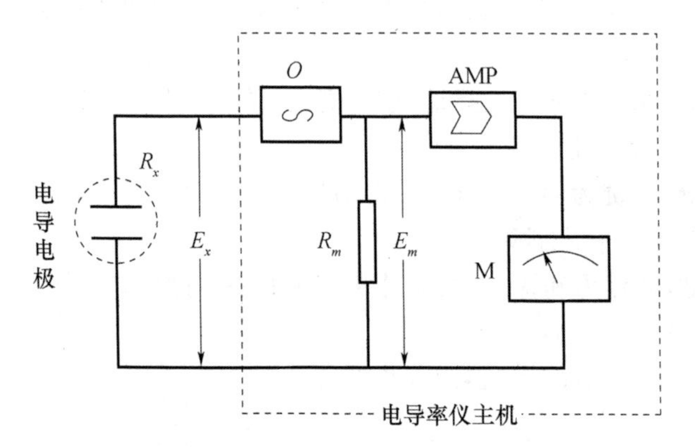

图 4.9 K 值测量仪器的电路原理图

图 4.9 的左半部分是由电导电极(R_x)、高频交流电源(O)和量程电阻(R_m)相互串联构成的测量回路,而右半部分则是由量程电阻(R_m)、放大电路(AMP)和显示仪表(M)构成放大显示回路。电导电极的两个测量电极板平行地固定在一个玻璃环内,以保持两电极间的距离和位置不变。这样,电极的有效截面积 A 及其间距 L 均为定值,于是式(4.5)中的 Q 值可以准确确定。Q 称为电导电极的电极常数。测量过程中为了减少由于溶液内离子成分向电极表面聚集而形成的极化效应,测量电导池电阻时,往往使用高频交流电源。

当高频交流电源工作时,测量回路中电导电极和量程电阻两端分别产生电位差 E_x 和 E_m,则两电极间水溶液的测量电阻 R_x 可由下式求出:

$$R_x=E_x\times\frac{R_m}{E_m} \tag{4.6}$$

因为 $E_x + E_m$ 是由高频交流电源提供的恒定的回路电压 E_0，即：

$$E_x + E_m = E_0 = 常数 \tag{4.7}$$

又，测量电阻 R_x 即相当于式(4.5)中的电阻 R。将式(4.6)和式(4.7)代入式(4.5)，得到下式：

$$K = \frac{Q}{R_x} = \frac{Q}{R_m} \times \frac{E_m}{E_x} = \frac{Q}{R_m} \times \frac{E_m}{E_0 - E_m} \tag{4.8}$$

式中，Q,R_m,E_0 均为已知常数。测量过程中，溶液 K 值的变化(即 R_x 的变化)会引起电导率仪测量回路中 E_m 的变化，该信号经放大电路放大、整流后，通过仪表显示出来，即实现了对溶液 K 值的测量。

目前市售的各种电导率仪，尽管其外观各异，测量原理均如上述。

酸雨观测采用数字式电导率仪主要由电导率仪主机、电导电极及其支架等构成。数字式电导率仪一般配有 3½ 位数字显示屏，以显示测量数值。许多数字式电导率仪还具有温度补偿功能，可以通过调节旋钮使仪器直接显示标准温度(25℃)的电导值。

酸雨观测选用电极常数为 1.0 左右的光亮型电导电极。它最适宜的测量范围为 2～20000 $\mu S \cdot cm^{-1}$。数字式电导率仪的面板上一般设有量程旋钮，通过调节该旋钮，可在合适的量程范围进行测量，以便获得较高的测量准确度。

4.3.3　电导率仪测量仪器

4.3.3.1　电导率仪的选型

《酸雨观测规范》(GB/T 19117—2017)规定，酸雨观测使用的电导率仪应满足以下要求：

(1)使用 JJG 376—2007 中规定的 1.0 级的电导率仪测量降水样品电导率，其测量范围为 0～2000 $\mu S \cdot cm^{-1}$，具有温度自动补偿功能(0～40 ℃)。

(2)电导电极应使用 GB/T 26800—2011 中规定的电导池常数为 0.1，1.0 的电导电极。

(3)测量电导率范围为 10～500 $\mu S \cdot cm^{-1}$ 的降水样品时，应满足以下指标要求：

① 测量误差：优于±1%FS；

② 重复性误差：优于±0.5%；

③ 响应时间：≤60s。

4.3.3.2　常用电导率仪介绍

(1)概述

DDS-307 型电导率仪是实验室测量水溶液电导率必备的仪器，该仪器广泛应用于石油化工、生物医药、污水处理、环境监测、矿山冶炼等行业及大专院校和科研单位。若配用适当常数的电导电极，可用于测量电子半导体、核能工业和电厂纯水或超纯水的电导率。DDS-307 型电导率仪的外观见图 4.10。

图 4.10 DDS-307 型电导率仪外观图

(2)DDS-307 型电导率仪仪器主要特点

① 仪器采用大屏幕 LCD 段码式液晶;

② 可同时显示电导率/温度值,显示清晰;

③ 具有电导电极常数补偿功能;

④ 具有溶液的手动温度补偿功能;

(3)DDS-307 型电导率仪的主要技术性能

① 仪器级别:1.0 级

② 测量范围:0.00 $\mu S \cdot cm^{-1}$~100.0 $mS \cdot cm^{-1}$;

电极常数以及对应最佳电导率测量范围见 4.1。

表 4.1 DDS-307 型电导率仪的电极常数对应最佳电导率量程

电极常数(cm^{-1})	电导率量程($\mu S \cdot cm^{-1}$)
0.01	0~2.000
0.1	0.2~20.00
1	2 $\mu S \cdot cm^{-1}$~10.00 $mS \cdot cm^{-1}$
10	(10~100.0)$mS \cdot cm^{-1}$

③ 电子单元基本误差:±1.0%(FS);

④ 仪器的基本误差:电导率:±1.5%(FS);

⑤ 外形尺寸 $1 \times b \times h$,290 mm×210 mm×95 mm

⑥ 重量:1.5 kg

⑦ 仪器正常工作条件:

a. 环境温度:(0~40) ℃;

b. 相对湿度:≤85%;

c. 供电电源:交流电(220±22) V;(50±1) Hz;

d. 除地球磁场外无外磁场干扰。

(4)DDS-307 型电导率仪的仪器结构

DDS-307 型电导率仪外形及后面板如图 4.11 和图 4.12 所示。

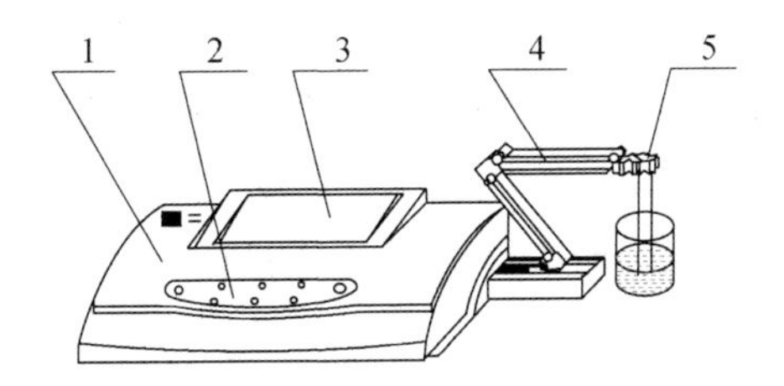

图4.11　DDS-307型电导率仪外形结构

（1. 机箱，2. 键盘，3. 显示屏，4. 多功能电极架，5. 电极）

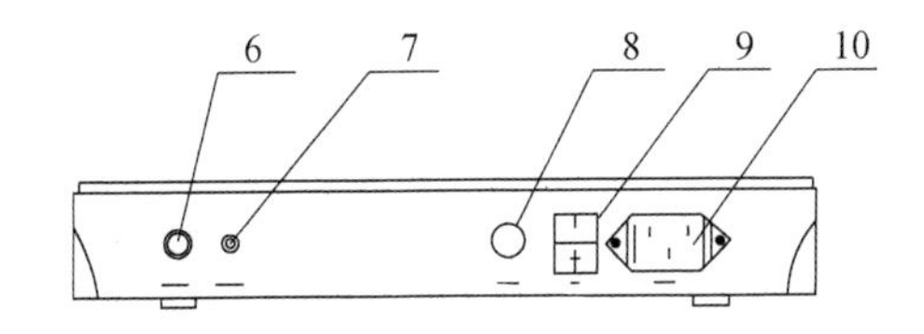

图4.12　DDS-307型电导率仪后面板

（6. 测量电极插座，7. 接地插座，8. 保险丝，9. 电源开关，10. 电源插座）

仪器键盘说明：

a.“测量”键，在设置“温度”“电极常数”“常数调节”时，按此键退出功能模块，返回测量状态。

b.“电极常数”键为电极常数选择键，按此键上部“△”为调节电极常数上升；按此键下部“▽”为调节电极常数下降；电极常数的数值选择为0.01，0.1，1，10。

c.“常数调节”键，此键为常数调节选择键，按此键上部“△”为常数调节数值上升；按此键下部“▽”常数调节数值下降。

d.“温度”键，此键为温度选择键，按此键上部“△”为调节温度数值上升；按此键下部“▽”为调节温度数值下降。

e.“确认”键，此键为确认键，按此键为确认上一步操作。

仪器附件：

DDS-307型电导率仪后面板见图4.13，图4.13中11为DJS-1C电导电极。

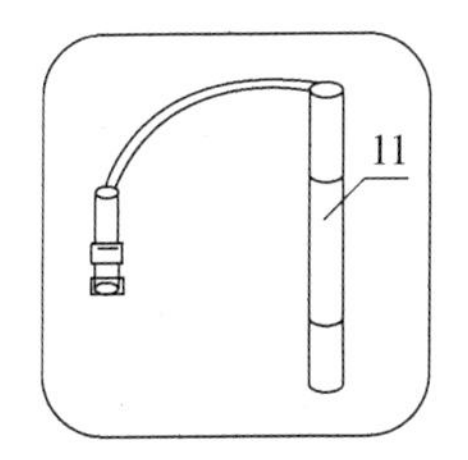

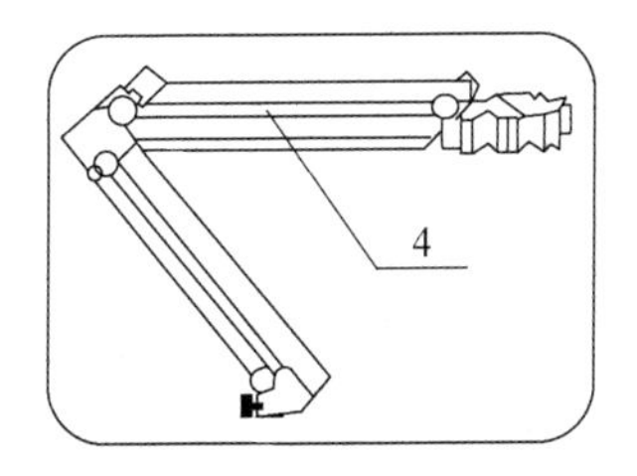

图4.13　DDS-307型电导率仪附件

4.4 pH计、电导率仪的检定和校准规定

(1)pH计和电导率仪应定期由国家质量技术监督部门授予检测资质的机构进行检定。

(2)pH测量电极校准，每年应至少1次通过比对测量等方式检测pH测量电极的响应特性。

(3)电导电极校准，每年应至少1次采用标准试剂溶液对电导电极的电导池常数进行校准(中国气象局，2017)。

4.5 pH计、电导率仪的安装、使用和维护

4.5.1 基本要求

安装和使用应符合以下要求：

(1)安装在酸雨观测实验室内固定位置；

(2)使用仪器要登记；

(3)使用后应及时擦拭(清洗)并复原；

(4)不得随意拆卸、改装仪器，不得挪作他用。

4.5.2 pH计安装、使用和维护

(1)安装、使用和维护

pH计须平稳地安放在工作台上，电源连接正确，接地良好。电极支架、复合电极(以及测温探头)须固定牢靠，以便于操作。安装过程中，须注意保持测量(复合)电极插孔和复合电极插头的清洁与干燥，不得用手触摸。

知识链接

pH计电极老化带来的影响——测量负偏差

老化的pH测量电极给出的pH测量结果为负偏差。且实验显示，降水样品的电导率越小，pH测量偏差则越大；在电导率差别不大时，该负偏差大小与水样pH呈现一定的正相关线性关系。因此，及时发现电极老化问题并更换电极就显得尤为重要(汤洁 等，2010)。

具有自动温度补偿功能的pH计，测温探头须每月定期校准1次，并将校准结果记录在酸雨观测记录簿的备注栏中。pH计的常见故障和诊断处理见表4.2。

表 4.2　pH 计的常见故障和诊断处理

故障	可能原因和处理
电源已接通，但无显示	保险丝断，应更换； 电源或变压器坏，应送修更换； 仪器电路故障，应送修
“定位”调节不到 pH=7.00	复合电极溶液干涸，补充 3 M 氯化钾溶液或更换电极； 复合电极失效，应更换； 内部电位器坏，应送修更换
“斜率”调节不到 pH=4.00 或 pH=9.18	复合电极老化，性能下降，应更换； 内部电位器坏，应送修更换
pH 测量时，数字不稳定	水样 K 值过低（如<10 $\mu S \cdot m^{-1}$），适当延长平衡时间； 复合电极内阻太高，寿命已到，应更换； 复合电极插头（座）受潮或受污染，应关机后用 95%酒精擦拭复合电极插头（座），干燥后再使用。读数仍然不稳定时，应及时送检和送修； 电源电压不稳，或接地线接触不良
“自动”补偿时，数字溢出或显示值不稳定	测温探头未接好或已坏，应接好或更换； 温度补偿选择开关坏，应送修更换； 测温探头插孔内部断线，应送修； 仪器电路故障，应送修

初次安装或更换 pH 计，应当在酸雨观测记录薄中记录仪器的型号、序号、生产厂家、购置日期、开始使用（更换）日期等，以备后查。送修和送检时也应作相应记录。

除上述正确安装、使用和维护仪器外，要注意以下两点：

① Q9 短路插头的使用：安装时，从后部的测量（复合）电极插孔内取下 Q9 短路插头后，要注意保持其清洁、干燥，不要用手触摸其插头部分。Q9 短路插头不用时，应用滤纸将其包好，以免落上灰尘。如需要从仪器上取下复合电极时，须将洁净、干燥的 Q9 短路插头插入，以免灰尘、湿气等进入电极插座。

② 使用雷磁 PHS-3B 型精密 pH 计之前，须将其后部的手动、自动温度补偿选择开关拨到自动档。酸雨观测中，该开关应始终处于自动档位置。

（2）T811 型测温探头的校准

T811 型测温探头应每月校准 1 次，此外仪器安装或维修调整后，均须进行校准。校准步骤如下：

① 将仪器后面板的转换开关置于“手动”位置；

② 将 pH 计面板上的选择开关旋至“T”（温度测量）挡；

③ 将测温探头和 1 支校准好的温度计同时插入温度在 0～10 ℃的水杯中。

④ 读出温度计的读数，并调节pH计前面板的温度调节旋钮，使显示屏中的数字与温度测量值相等；

⑤ 将测温探头和一支校准好的温度计同时插入温度在40～50 ℃的热水杯中，并重复④的操作。

⑥ 完成上述校准后，尽量保持温度调节旋钮不动，如该旋钮有变化，应随时进行再校准。

⑦ 每次校准后，应将校准调整结果记录在酸雨观测记录簿备注栏内。

(3)复合电极的使用和维护

复合电极在第一次使用前，应在纯水(或3 M氯化钾溶液)中浸泡24 h以上，进行活化。

在使用中，复合电极(包括测温探头)应避免用力弯曲和与烧杯等器皿碰撞，特别是复合电极顶部的玻璃探头部分不能与任何硬物接触。

在操作中，应保持复合电极插孔和复合电极插头的清洁与干燥，不得用手触摸。取下复合电极时，须将洁净、干燥的短路插头插入电极插孔，以免灰尘、湿气等进入。

不使用时，应将复合电极的玻璃探头部分套在盛有3 M氯化钾溶液的塑料套内。

为避免由于复合电极老化影响测量的准确性，须在每年4月定期更换新的复合电极；如发现表4.2中描述的电极故障现象，应随时

知识链接

复合电极(以下简称电极)使用及维护注意事项

1. 电极在测量前必须用已知pH的标准缓冲溶液进行定位校准，其pH愈接近被测pH愈好。

2. 测量结束后，及时将电极保护套套上，电极套内放入的少量外参比补充液，切忌浸泡在蒸馏水中。

3. 电极的引出端必须保持清洁干燥，绝对防止输出两端短路，否则将导致测量失准或失效。

4. 电极应与输入阻抗较高的pH计($\geqslant 10^{12}$ Ω)配套，以使其保持良好的特性。

5. 电极应避免长期浸在蒸馏水、蛋白质溶液和酸性氟化物溶液中。

6. 电极避免与有机硅油接触。电极经长期使用后，如发现斜率略有降低，则可把电极下端浸泡在4%HF(氢氟酸)中3～5 s，用蒸馏水洗净、然后在0.1 mol·L^{-1}盐酸溶液中浸泡，使之复新。

7. 被测溶液中如含有易污染敏感球泡或堵塞液接界的物质而使电极钝化，会出现斜率降低，显示读数不准现象。如发生该现象，则应根据污染物质的性质，用适当溶液清洗，使电极复新。

知识链接

电导电极清洗与贮存

关于贮存

电导电极长期不使用时应贮存在干燥的地方。电极使用前必须放入(贮存)在蒸馏水中数小时，经常使用的电极可以放入(贮存)在蒸馏水中。

关于清洗

1. 可以用含有洗涤剂的温水清洗电极上有机成分玷污，也可以用酒精清洗。

2. 钙、镁沉淀物最好用10%柠檬酸。

3. 镀铂黑的电极，只能用化学方法清洗，用软刷子机械清洗时会破坏镀在电极表面的镀层(铂黑)。注意：某些化学方法清洗可能再生或损坏被轻度污染的铂黑层。

4. 光亮的铂电极，可用软刷子机械清洗。但在电极表面不可以产生刻痕，绝对不可使用螺丝起子之类硬物清除电极表面，甚至在用软刷子机械清洗时也需要特别注意。

更换复合电极；投入使用时间达到 1 a，或出厂时间达到 2 a（以出厂日期为准）的复合电极均应及时报废。新复合电极的更换、启用、活化情况，以及出厂日期、启用日期等应记录在酸雨观测记录簿的备注栏中。

4.5.3　电导率仪安装、使用和维护

电导率仪须安放平稳，电源连接正确，接地良好。电极支架须固定牢靠，方便操作，接线连接正确牢固。安装过程中，须注意保持电极插孔和电导电极插头的清洁与干燥，严禁用手触摸，以免影响测量的稳定性和准确度。

初次安装或更换电导率仪，应当在酸雨观测记录薄中记录仪器的型号、序号、生产厂家、购置日期、开始使用（更换）日期等，以备后查。送修和送检时也应作相应记录。

开始启用新的电导电极时，要检查电极根部标签上的电极常数标示是否清楚，标签丢失或标示不清者，不能使用。为了防止电极常数标示在使用中被磨掉，应在标签外面贴上一层透明胶带。电导电极的电极常数各不相同，因此在更换电导电极时，须对电导率仪的电极常数设置进行调节，而且在每次测量之前检查该设置。在使用中，注意不要让电导电极的表面接触硬物，更不要用手触摸，以避免损伤和污染电导电极。

电导电极的正常使用期为 2 a，到期必须更换。如发生明显的电极污染或表面损伤等情形时，应及时更换。电导电极的启用时间、更换情况和电极常数应记录在酸雨观测记录簿中备注栏中。

4.6　降水样品的采集和测量准备

4.6.1　降水采样要求

（1）在 1 个降水采样日内，无论降水是否有间歇及间歇长短，降水量达到 1.0 mm 时，应采集一份降水样品。

（2）1 个降水采样日内，只有 1 次连续降水过程，只采样 1 次，采集 1 份降水样品。

（3）1 个降水采样日内有数次降水过程，应使用同 1 个降水采样容器进行多次采样，合并为 1 个降水样品。

4.6.2　降水采集步骤

（1）降水采样容器的准备

降水采样容器的准备工作应在酸雨观测实验室内进行。

用采样桶采样时，先用纯水荡洗采样桶 2 次，倒净残留的纯水，再用少量纯水清

洗桶盖，盖好桶盖备用。用采样袋（加采样桶）采样时，将采样袋完全贴附于洗净备用的采样桶内，排除采样袋和采样桶之间的空气，采样袋的上沿应翻出 5 cm，并用洁净绳索在桶外侧将其固定，盖好桶盖备用。

在准备降水采样容器的操作中，操作者应戴一次性聚乙烯薄膜手套，不得用手和其他物品接触采样容器的内表面。

（2）安放降水采样容器

应在每次降水开始时刻，将备好的采样容器安放在采样架上，打开盖子开始采样。不得在没有降水时或在降水前打开盖子等待采样。观测人员安放降水采样容器时，应从下风向或侧风向接近降水采样设备。安放好降水容器后，应将取下的桶盖放在洁净的聚乙烯塑料袋内，带回观测实验室内保存，防止污染，以备收取采样容器时使用。

（3）收取降水采样容器

应在每次降水结束后（或降水发生间歇时），及时收取采样容器。日界结束时刻应及时收取降水采样容器。观测人员收取降水采样容器时，应从下风向或侧风向接近降水采样设备，先将桶盖盖好，将降水样品连同采样容器带回实验室。

4.6.3 降水采样记录

每次安放或取回采样容器时，应在酸雨观测记录簿上记录安放、取回的时间。

4.6.4 降水样品的测量准备

降水样品采集后，应立即开始测量前的准备工作，并于 4 h 内完成降水样品的测量。降水样品测量的准备工作包括降水样品的转移、温度平衡以及测量仪器的开机预热等。

对于固体降水样品，应将采样桶加盖放在室内，待其自然融化后，再转移至烧杯内。如果室内温度过低，可将采样桶放置在不超过 30 ℃的温水中加速融化。禁止放置在暖气、火炉上烘烤。

转移至烧杯中的降水样品，待水温与室温平衡后，应立即测量。平衡时间一般不应超过 2 h。样品温度平衡时，应在烧杯的上口处覆盖洁净的表面皿，以防灰尘落入，污染降水样品。

将降水样品转移至烧杯前，先用少量（2～5 mL）降水样品将烧杯清洗 1～2 次。

转移降水样品时须观察其颜色、浑浊程度以及是否含有昆虫、草（树）叶、尘土等杂物。如有，应用洁净的镊子将大块的杂物取出，再视降水样品的浑浊情况，静置，使混浊物沉淀，再将澄清的样品转移到测量用的烧杯内。在转移样品时注意不要将尘土等倒入测量用的烧杯内。此种情况仍需测量 pH 和 K 值。降水样品的受污染程度和混入杂质的类型等应在酸雨观测记录簿备注栏内备注。

如在本次降水采样日界结束后 4 h 内，仍不能完成样品测量的，则需在酸雨观测记录簿中备注原因及延迟的时间，延迟时间从本次降水采样日界结束4 h后开始起算。延迟的时间预计超过8 h或以上时，应将降水样品转移至洁净的聚乙烯瓶中，置于冷藏箱内(4～10 ℃)保存。

4.6.5 降水样品的测量顺序

正常情况下，应将降水样品分成2份，分别测量降水pH和降水电导率。若降水样品量较少，只能使用同一份降水样品测量时，先测电导率，后测pH。降水样品少于30 mL，确实无法完成测量时，可以弃去，但是应在酸雨观测记录簿中注明。

4.6.6 降水样品的贮存和运送

(1)需要贮存和运送降水样品时，应将未测量的降水样品装入清洗过的聚乙烯瓶中，拧紧瓶盖后，在标签上注明采样地点、日期、时段和降水量等。

(2)降水样品应保存在4～10 ℃冰箱内。长期(2周以上)贮存时，应先用干净的滤膜(孔径0.45 μm)过滤后再贮存，最长贮存时间不宜超过3个月。

(3)降水样品应放在温度不超过10 ℃保温箱中运送，在2周内送达(中国气象局，2017)。

4.7 降水样品的测量

降水样品的测量顺序要求见4.6.5。

4.7.1 降水样品电导率的测量

(1)电导率仪安装及准备

将多功能电极架插入多功能电极架插座中，并拧好。将电极安装在电极架上。用蒸馏水清洗电极。

(2)电导率仪的开机预热和检查

测量前接通电导率仪电源，打开电源开关，预热半小时以上。检查仪器的电极常数设置是否正确。

(3)测量

① 测量步骤

a. 仪器首次使用前或更换电导电极时，必须根据电极上所标的电极常数进行设置：【电极常数】选择“10”“1”“0.1”“0.01”，若电导电极标贴的电极常数为“1.010”，则选择“1”并按【确认】键；若电导

知识链接

电导率范围及对应电极常数推荐表

电导率范围($\mu S \cdot cm^{-1}$)	推荐使用电极常数(cm^{-1})
0.05～2	0.01,0.1
2～200	0.1,1.0
200～2×10^5	1.0

电极标贴的电极常数为“10.10”，则选择“10”并按【确认】键，其他类似。之后，再按“常数数值▽”或“常数数值△”，使常数数值显示所需值，按【确认】键；此时完成电极常数及数值的设置（电极常数为上下二组数值的乘积）。仪器显示如图4.14，使仪器的数值与所用的电导电极常数相一致，并按【确定】。最后按【测量】使仪器进入电导率测量状态；在以后使用时要注意检查电极常数。必须保证该常数正确。

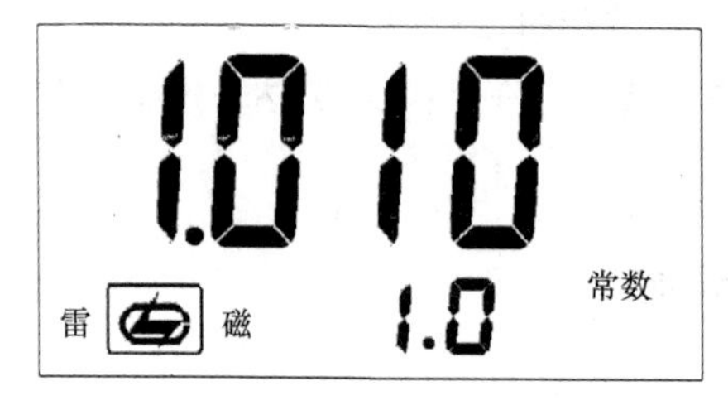

图 4.14 DDS-307 型电导率仪电导常数设置

b. 用纯水清洗电极，再用洁净的滤纸汲干电极上的水滴，清洗3次；

c. 取2个50 mL烧杯用降水样品原液涤荡，然后各倒入大半杯原液，其中一杯用于测量降水样品的温度，利用pH计的温度传感器或使用温度计测出降水样品的温度，在测量状态下，按电导率仪的【温度】，将温度显示调整为降水样品的温度，按【确定】，完成降水样品温度的设置，另一杯用于测量K值。若该电导率仪有温度的自动补偿功能，则不需进行温度调节的步骤。

d. 将电极浸入样品液面以下，注意，不可与烧杯底和烧杯壁接触，轻轻摇晃杯子2～3圈。待读数稳定后，在显示屏上读取并在酸雨观测记录簿上记录 K 值，保留小数一位，该数值即为25 ℃的标准值。

e. 如此重复读取和记录3个相对稳定的 K 值，将电导电极从样品中移出并用纯

知识链接

电导率仪电极常数标定

电导电极出厂时，每支电极都标有电极常数值。测量者在测量过程中若怀疑电极常数不正确，可根据电极常数选择合适的标准溶液（表a）、配制方法（表b），标准溶液与电导率值关系表（表c）来进行标定。

表 a 测定电极常数的 KCL 标准溶液

电极常数(cm^{-1})	0.01	0.1	1	10
KCL 溶液近似浓度($mol \cdot L^{-1}$)	0.001	0.01	0.01 或 0.1	0.1 或 1

表 b 标准溶液的组成

近似浓度($mol \cdot L^{-1}$)	容量浓度 KCL($g \cdot L^{-1}$)溶液(20 ℃空气中)
1	74.2650
0.1	7.4365
0.01	0.7440
0.001	将 100 mL 0.01 $mol \cdot L^{-1}$的溶液稀释至 1 L

表 c KCL 溶液近似浓度及其电导率值关系

温度(℃)	近似浓度($mol \cdot L^{-1}$)			
	1	0.1	0.01	0.001
	电导率($S \cdot cm^{-1}$)			
15	0.09212	0.010455	0.0011414	0.0001185
18	0.09780	0.011163	0.0012200	0.0001267
20	0.10170	0.011644	0.0012737	0.0001322
25	0.11131	0.012852	0.0014083	0.0001465
35	0.13110	0.015351	0.0016876	0.0001765

水清洗，用滤纸汲干残液，清洗 3 次。再将电极浸泡在纯水中，若使用了 pH 计算的测温探头，则需将测温探头从样品中移出并用纯水清洗，用滤纸汲干残液，清洗 3 次。

f. 关闭电导率仪及 pH 计电源，清洗器皿，收藏好仪器和器具。

② 注意事项

a. 电极使用前必须放入在蒸馏水中浸泡数小时，经常使用的电极应放入（贮存）在蒸馏水中；

b. 在使用 pH 计的测温探头测量样品溶液温度时，不可以将 pH 计上的测温探头与电导电极同时插入降水样品中，以免测温探头干扰电导电极的工作，未使用则可不注意此事项；

c. 当 $K \geqslant 200.0$ 时，电导率仪仅能显示整数位，记录时需补齐一位小数。

（接上页）

标准溶液法标定步骤：

a. 将电导电极接入仪器，断开温度电极，设置手动温度为 25.0 ℃，此时仪器所显示的电导率值是未经温度补偿的绝对电导率值。

b. 用蒸馏水清洗电导电极；将电导电极浸入标准溶液中。

c. 控制溶液温度恒定为：(25.0±0.1) ℃。

d. 把电极浸入标准溶液中，读取仪器电导率值 K，按下式计算电极常数 J：$J=K/K_{测}$ 式中：K 为溶液标准电导率（查表 c 可得）。

除上述方法外，还可使用一支已知常数的标准电极插入相同液体的相同深度进行标定，分别测出电导率 K_1 及 $K_{标}$，按式 $J_1=J_{标}\times K_{标}/K_1$ 计算电极常数，其中，K_1 为未知常数的电极所测电导率值；$K_{标}$ 为标准电极所测电导率值。

(4)数据记录

在酸雨观测记录簿上记录电导率的测量读数，并计算和记录平均值。同时记录测量时的样品温度，并将测量结果订正到 25 ℃时的电导率值，订正方法见酸雨观测记录簿。

4.7.2　降水样品 pH 的测量

(1)pH 计的开机预热

pH 计的安装。将多功能电极架插入多功能电极架插座中，并拧好。将复合电极安装在电极架上。将 pH 复合电极下端的电极保护套拔下，并且拉下电极上端的橡皮套使其露出上端小孔。用蒸馏水清洗电极。

知识链接

pH 计开机前后注意事项

1. 为了保护和更好的使用仪器，每次开机前，请检查仪器后面的电极插口，必须保证它们连接有测量电极或者短路插，否则有可能损坏仪器的高阻器件。

2. 仪器不使用时，短路插头也要接上，以免仪器输入开路而损坏仪器。

pH 计的开机预热。测量样品前，应接通 pH 计电源，预热半小时以上。使用温度表或测温传感器（测量准确度为±0.5 ℃）测量降水样品和标准缓存溶液温度，两者温度差≤2 ℃。

(2) pH 计校准

每次测量降水样品前，使用中性标准缓冲溶液和酸性（或碱性）标准缓冲溶液进行2点校准。如果1 d内连续开机测量样品，则只需在首次测量前进行1次校准即可。如果连续开机，每24 h至少校准1次。

① 校准步骤

a. 小心地取下复合电极下面的盖帽，放至不易碰到的地方。

b. 用纯水将复合电极和测温探头洗净，并用滤纸将其表面的残液汲干。

c. 由于PHS-3E型pH计具有自动温度补偿功能，在安装pH计时，需接入温度电极。若需要手动设置温度，则不接入温度电极，用温度计测出被测溶液的温度，然后按"温度△"或"温度▽"键，仪器显示如图4.15：按"温度△"或"温度▽"键调节显示值，使温度显示为被测溶液的温度，按"确认"键，即完成当前温度的设置，按"pH/mV"键放弃设置，返回测量状态。

图4.15 PHS-3E型pH计温度设置

d. 先将盛有中性标准缓冲溶液的试剂瓶摇动数次，备用。

e. 取洗干净的50 mL烧杯一个，倒入2～5 mL中性标准缓冲溶液进行原液涤荡，之后，再倒入大半杯的中性标准缓冲溶液，把用蒸馏水清洗过的电极插入中性标准缓冲溶液中。复合电极的玻璃泡必须完全浸在液面以下，轻轻摇晃杯子2～3圈。

注意：若仪器没接温度电极则可先用温度计测出该标准缓冲溶液的温度值，然后按前面设置温度的方法设置温度值，若接入温度电极，则在步骤c中，还需将测温探头一并插入，且不需手动设置温度。

知识链接

pH仪器标定

仪器使用前首先要标定。一般情况下仪器在连续使用时，每天要标定1次。标定时的注意事项如下：

1. 测量者使用自己的标准缓冲溶液(非常规标准缓冲溶液)标定电极时，必须事先知道此标准缓冲溶液在标定温度区的标称pH。

2. 在每次测量以前，建议测量者对电极进行重新标定，一旦标定后，上一次的标定数据将会被覆盖。

3. 进行一点标定即定位操作后，仪器会自动删除上一次的标定数据，一点标定后，斜率默认设置为100.0%。

4. 对于标准缓冲溶液pH＝4.00、pH＝6.86、pH＝9.18，用户按"定位"键或者"斜率"键后不必再调节数据，直接按"确认"键即可完成标定。

f. 稍后，待读数稳定，按"定位"键，仪器会提示是否进行标定，显示"Std YES"字样，如图4.16，仪器自动识别并显示当前温度下的标准pH。按"确认"键，仪器完成一点标定。若按任意键则退出标定，仪器返回测量状态。

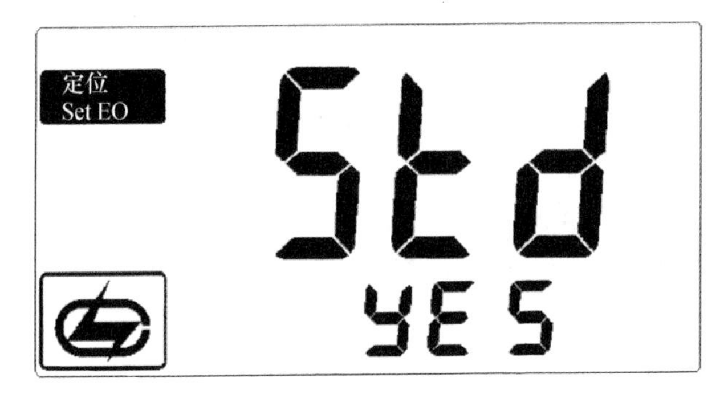

图 4.16　PHS-3E 型 pH 计标定

g. 读取温度值，从标准 pH 内插表中，查出该温度下标准溶液的 pH，仪器显示数据与表中查出的标准 pH 相同，记录温度值和查出的标准 pH。若不相同则需要查找原因并重新标定。

h. 将复合电极和测温探头（若有，则移出）移出烧杯，用纯水将复合电极与测温探头（若有，则洗净）洗净。用洁净滤纸将其表面的残液汲干，清洗 3 次。

i. 取洗净的 50 mL 烧杯 1 个，倒入 2～5 mL 酸性标准缓冲溶液进行原液涤荡，之后，再倒入大半杯的酸性标准缓冲溶液，将复合电极浸入该溶液，复合电极的玻璃泡必须完全浸在液面以下，轻轻摇晃杯子 2～3 圈（自动补偿温度或手动设置温度与步骤 f 的注意事项相一致，此处省略）。

j. 稍后，待读数稳定，按"斜率"键，仪器会提示是否进行标定，显示"Std YES"字样，仪器自动识别并显示当前温度下的标准 pH。按"确认"键，完成两点标定。

k. 读取温度值，从标准 pH 内插表中，查出该温度下标准溶液的 pH，仪器显示数据与表中查出的标准 pH 相同，记录温度值和查出的标准 pH。若不相同则需要查找原因并重新标定。

l. 标定完成后，将复合电极和测温探头（若有，则移出）移出烧杯，用纯水将复合电极与测温探头（若有，则洗净）洗净。用洁净滤纸将其表面的残液汲干，清洗 3 次。

② 注意事项

a. 部分测站降水的 pH 可能常年或某些季节内普遍＞7.00。为了保证 pH 计的校准范围与测量范围尽可能一致，应用碱性标准缓冲溶液取代酸性标准缓冲溶液校准"斜率"。

b. 从冷藏箱中取出标准缓冲溶液使用时，应将盛有标准缓冲溶液的试剂瓶放在室内 2 h 以上，使其与室内气温达到平衡后，方可用于对 pH 计的校准（定位）。严禁将盛有标准缓冲溶液的试剂瓶放在炉子或暖气上直接烘烤。

(3)测量

① 步骤

a. 仪器校准完成后，取约 10 mL 降水样品洗涤复合电极和测温探头（若有，则洗净，若样品量较少，可略去此步骤，改用纯水洗涤复合电极和测温探头，并用滤纸将其表面的残液汲干）。

b. 用干净的 50 mL 聚乙烯（玻璃）烧杯取约 30 mL 降水样品，将复合电极和测温探头同时浸入至液面以下（不可与烧杯的底和壁接触），轻轻摇晃杯子 2～3 圈。如果显示的温度与校准所用缓冲溶液温度相差>2 ℃，应取出复合电极和测温探头，继续等待样品的温度平衡到与校准所用缓冲溶液温度的差别<2 ℃时，再重新开始从步骤 a 开始测量。

c. 符合要求后，再将复合电极和测温探头同时浸入至液面以下，轻轻摇晃杯子 2～3 圈，待读数稳定后，在显示屏上读取并在酸雨观测记录簿上记录 pH。如此重复读取和记录 3 个相对稳定的 pH 读数。

d. 读数、记录完毕，关掉电源，拔下电源插头。

e. 清洗复合电极和测温探头，并用滤纸将其表面的残液汲干。将电极的塑料套套上。如果套中溶液太少，应适当补充 3 M 氯化钾溶液（配制方法见 3.7）。清洗器皿。收藏好分析仪器和器具。在正常情况下，应保持复合电极和测温探头与仪器主机的连接，即不必将插头拔出。

② 注意事项

a. 部分高山或降水极为洁净的观测站，有可能出现仪器读数不易稳定的现象。如果出现这种情况，应当适当延长读数的等待时间，但是一次读数的等待时间不宜超过 2 min。此种情况，需在酸雨观测记录簿中备注。

b. 3 次读数差别较大时，可适当增加读数次数（总数<5 次）。选取其中连续 3 次相互接近的读数，计算平均值。

c. 标准缓冲溶液的温度与降水样品的温度相差须<2 ℃。为缩短温度平衡的时间，确保两者温度尽量一致，可以在 1 个小水盆放入少许水，再把盛有标准缓冲溶液的试剂瓶和装有降水样品的烧杯一同放在盆中，盆中的水位应该尽量高，但又不至于使烧杯和试剂瓶漂浮起来。

（4）数据记录

在酸雨观测记录簿上记录 pH 的测量读数，并计算和记录平均 pH，小数点后保留两位小数。

复习思考题

1. 电位法测量 pH 的基本原理是什么？
2. 电导率仪的测量原理是什么？
3. 人工观测酸雨的设备有哪些？
4. 简述降水样品的贮存和运输过程？
5. 简述降水样品测量前的准备工作。
6. 简述 pH 计和电导率仪的检定和校准规定。

7. 简述 pH 计和电导率仪的安装和使用的基本要求。
8. 简述复合电极的使用和维护。
9. 简述降水采样容器的准备。
10. 简述安放、收取降水采样容器。
11. 若采集的降水样品为固体降水,该如何做准备工作?
12. 简述降水样品电导率和 pH 的测量顺序。
13. 简述 pH 计校准。
14. 简述 pH 测量步骤。
15. 简述降水样品电导率的测量。

第5章 酸雨自动观测

本章主要讲述酸雨自动观测系统工作结构原理及主要技术性能指标、安装、样品的采样与测量、测量操作、电极校准、系统维护，并对已获得中国气象局颁发的气象专用装备许可的浙江恒达仪器仪表股份有限公司生产的酸雨自动观测仪器进行介绍。

5.1 工作原理、结构及主要技术性能指标

根据酸雨自动观测系统采样和分析部分结构及安装位置的不同，可分为“分体式”和“一体式”。

5.1.1 “一体式”酸雨自动观测系统工作原理和结构

(1)工作原理

“一体式”酸雨自动观测系统在感应到降水时启动测量程序后，自动采集降水样品，在无需人工操作的情况下，能自动完成采样桶清洗(采样袋更换)，并自动将降水样品转移至降水样品自动分析仪，过滤后自动完成降水样品的 pH、电导率、温度的自动测量，其数据记录在仪器内存中，可通过网络自动上传测量数据和仪器工作状态，完成自动校准和自检。

(2)结构

“一体式”酸雨自动观测系统，由自动降水采样器和降水样品自动分析仪组成，主要部件包括：支架(箱体)、感雨器、降水采样桶及采样袋、采样桶启闭机构(及采样桶盖)、采样桶降温装置、降水样品转移管路、采样袋自动更换机构或采样桶自动清洗机构、采样桶自动融冰机构、pH 电极及测量池、电导率电极及测量池、温度传感器、控制阀组、液体容器及管路、控制/记录/显示/通信单元等(图 5.1)。

① 采样器

a. 支架(箱体)

用于支撑采样桶、采样桶启闭机构、感雨器及其他部件，容纳自动降水采样器的自动控制单元。主要结构和外露材料应采用 304 以上不锈钢、或优质铝合金材质制作，应稳固、均衡，便于安装和观测操作。采样桶支撑部分最大可承重载荷≥50 kg。箱体须防虫、防尘。

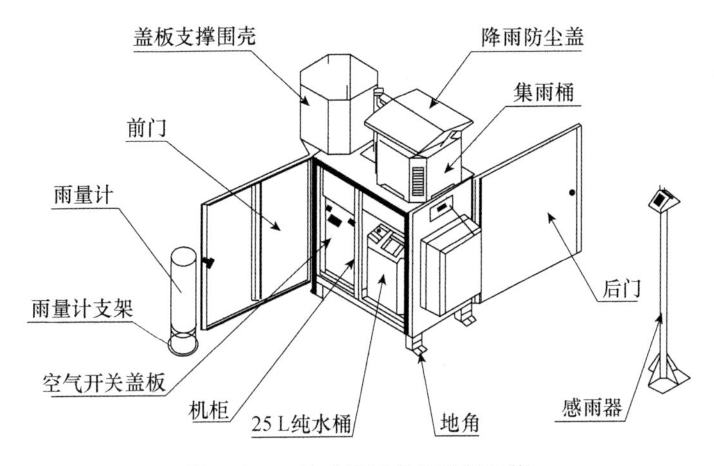

图 5.1　一体式酸雨自动观测系统

b. 感雨器

能感应到的降水强度为 0.05 mm·h^{-1}或 0.5 mm 直径的雨滴或固态降水。具有防雾、防结露、防湿和防落鸟等功能。感雨器的测量频率≥1 Hz。

c. 降水采样桶

降水采样桶为降水采样容器的主体，采样桶内置降水采样袋。降水采样桶桶口直径应为 40 cm，深度≥40 cm，安放后，桶口沿应水平，高度为距地面 1.4 m，采样桶不应直接暴露阳光下。根据感雨器的信号，开启、关闭降水采样桶，开启延迟时间≥60 s，关闭延迟时间≥10 min。采样桶盖的内表面材质具有较好的化学惰性，防腐蚀，且整体密封、防尘性能良好。采样桶盖处于开启位置时，应对桶盖的密封面进行防尘保护。

d. 降水采样袋

降水采样袋的清洁度指标应符合《酸雨观测业务规范》中关于降水采样容器的洁净度指标，降水采样袋具有较好的化学惰性、吸附惰性；尺寸与采样桶配合良好，便于套装和取下；机械强度应能通过 1.5 m 跌落实验(即：盛装 2 kg 水后，保留同体积空气，将袋口密封，从 1.5 m 高处自由跌落至光滑硬质地面，3 次，无破裂)；具有较好的耐候性，在正常情况下储存 3 a 以内无老化现象，无脆断和龟裂。

降水采样袋可自动更换，也可以直接用降水采样桶采集降水样品，降水采样桶可自动清洗。在连续降水时，可在采样桶盖开启状态下更换降水采样袋。无降水时，可在不打开采样桶盖的情况下，自动更换降水采样袋或采样桶清洗操作。清洗用水符合中国气象局《酸雨观测业务规范》规定的技术指标，存储量应能保证 20 次以上的清洗。

e. 温度传感器和采样桶降温装置

当感雨器温度＜环境温度＋10 ℃时或感雨器温度＜15 ℃时，感雨器开始加热，感雨器温度＞15＋5 ℃时，感雨器停止加热。环境温度＜5 ℃或采样桶温度＜15 ℃

时，采样桶开始加热；采样桶温度＞15＋5 ℃时，采样桶停止加热。－5 ℃≤环境温度≤5 ℃和防尘盖温度≤5 ℃时，防尘盖开始加热，防尘盖温度＞10 ℃ 时，防尘盖不加热。

当降水样品温度高于环境气温 2 ℃后，启动降温装置。测量降水样品温度和环境气温的温度传感器和降温装置对降水采样操作无影响，无污染。

温度记录时间间隔为 5 min，记录 5 min 平均值。测量信号获取频率不低于 1/10 Hz。

f. 控制/数据记录单元

接收感雨器信号或人工信号，控制驱动采样桶启闭机构；接收温度传感器信号，控制降水采样桶降温装置的启闭；执行自检和运行监控，记录并存储降水采集数据和仪器运行信息。

g. 雨量计

符合中国气象局《地面气象观测规范》的有关规定和要求。

② 分析系统

降水样品自动分析仪主要包括：机箱、pH 电极及测量池、电导率电极及测量池、温度传感器、控制阀组、液体容器及管路、控制/记录/显示/通信单元等，“一体式”酸雨自动观测系统还包括降水样品转移管路及控制阀。

a. 降水样品转移管路及控制阀

能对降水进行初级过滤，防止较大杂质进入降水样品自动分析仪。过滤膜材质为尼龙、聚碳酸酯等非金属材质，过滤孔径≤0.1 mm。样品转移平稳、快速、无污染。管路均采用非金属材料（特氟龙、聚乙烯等），可更换。管路控制阀应为化学惰性和非吸附性的材料，死体积小。

b. pH 测量池

采用玻璃或（化学、吸附）惰性的塑料材料制成，可同时放置 pH 电极和测温探头，用纯水自动清洗。有温度传感器，实时测量降水样品温度，进行自动温度补偿。

c. 电导率测量池

采用玻璃（或化学、吸附）惰性的塑料材料制成，可同时放置电导电极和测温探头，可用纯水自动清洗。有温度传感器，实时测量降水样品温度，进行自动温度补偿。

d. 温度传感器

用于测量降水样品温度。铂电阻，测量精度为（优于）±0.5 ℃，测量信号获取频率≥1/10 Hz。

e. 液体容器及管路

液体存储容器存贮降水样品、标准缓冲溶液、电导电极校准液、纯水等。液体存储容器及管路均须按照所储存液体的性质，采用合适的非金属材料制作，以避免溶出和吸附，便于液体加注和容器清洗，且密封性好，死体积小，可清洗和更换。液体管路应排布合理，排空体积小，避免多种液体共用同一管路。

标准缓冲溶液、电导电极校准液及纯水容器应有液位传感器，如出现溶液液位过低或其他异常或故障时，可持续用声光方式报警至操作人员解除。

废液存贮容器可外置。

f. 样品过滤装置

在降水样品注入管路上安装孔径 5～10 μm 的过滤膜，过滤膜材质为尼龙或聚碳酸酯。

g. 采样桶自动融冰机构

加热均匀、充分。加热时，样品的局部最高温度不得>5 ℃，并能保证全部样品在规定的时间内转移到降水样品自动分析仪。

h. 管路清洗机构

通过自流或压力注入的方式，将纯水(或清洗原液)送入 pH 测量池、电导率测量池及相关管路，清洗后，应用干洁空气吹扫残液。清洗机构的动作可靠，不形成溶液样品的交叉污染。

i. 控制阀组

采用化学惰性和非吸附性的非金属阀体，以避免溶出和吸附，影响测量结果。无漏液，死体积小。

k. 控制/记录/显示/通信单元

采用技术成熟、性能可靠的电子元器件，操作软件采用通用的语言程序，便于升级，具有良好的程序容错性能，功能完整，能够完成测量程序和相关计算。

l. 控制/数据记录单元

可靠地控制转移管路的控制阀启闭，在规定时间内完成降水样品的转移，记录相关运行数据；可靠地控制采样袋自动更换机构或采样桶自动清洗机构工作，记录相关运行数据；可靠地控制自动融冰机构工作，记录相关运行数据；配置 RS-485 通信端口。

5.1.2 “分体式”酸雨自动观测系统工作原理和结构

(1)工作原理

自动降水采样器根据感雨器的信号，打开或关闭降水采样桶盖，自动采集降水样品。完成降水样品采集后，由观测人员并将其转移到降水样品自动分析仪，启动降水样品自动分析程序，自动完成降水样品 pH、电导率的测量及数据传输。

(2)结构

“分体式”酸雨自动观测系统，由自动降水采样器和降水样品自动分析仪组成，主要部件包括：支架(箱体)、感雨器、降水采样桶及采样袋、采样桶启闭机构(及采样桶盖)、采样桶降温装置、采样桶自动融冰机构、pH 电极及测量池、电导率电极及测量池、温度传感器、控制阀组、液体容器及管路、控制/记录/显示/通信单元等(见图 5.2)。

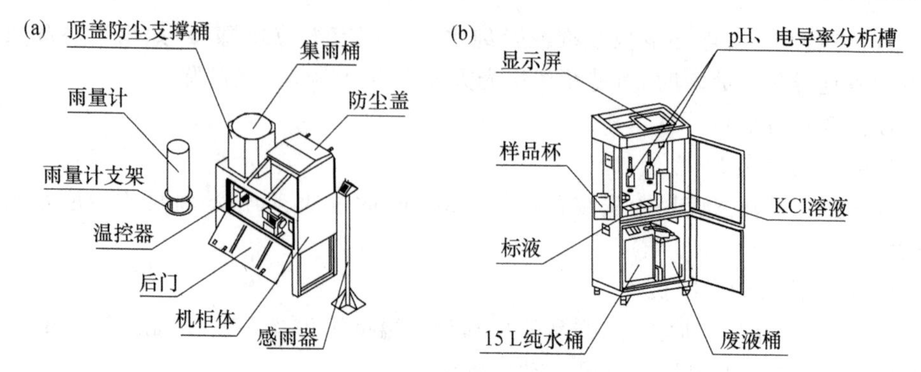

图 5.2 分体式酸雨自动观测系统

（a. 采样器；b. 分析仪）

① 自动采样系统

支架(箱体)、感雨器、温度传感器和采样桶降温装置、控制/数据记录单元、雨量计部分同 5.1.1 中相关内容。

a. 降水采样桶

降水采样桶为降水采样容器的主体，采样桶内置降水采样袋。降水采样桶桶口直径应为 40 cm，深度≥40 cm，安放后，桶口沿应水平，高度为距地面 1.4 m，采样桶不应直接暴露阳光下。根据感雨器的信号，开启、关闭降水采样桶，开启延迟时间≥60 s，关闭延迟时间≥10 min。

安放采样桶时，为保证观测场到观测室之间的运输过程中不致造成采样桶(采样袋)内表面及降水样品的污染，采样桶应配单独桶盖，以便在运输过程中使用。采样桶盖的内表面材质具有较好的化学惰性，防腐蚀，且整体密封、防尘性能良好。采样桶盖处于开启位置时，应对桶盖的密封面进行防尘保护。

b. 降水采样袋

降水采样袋的清洁度指标应符合《酸雨观测业务规范》中关于降水采样容器的洁净度指标，降水采样袋具有较好的化学惰性、吸附惰性；尺寸与采样桶配合良好，便于套装和取下；机械强度应能通过 1.5 m 跌落实验(即：盛装 2 kg 水后，保留同体积空气，将袋口密封，从 1.5 m 高处自由跌落至光滑硬质地面，3 次，无破裂)；具有较好的耐候性，在正常情况下储存 3 a 以内无老化现象，无脆断和龟裂。

② 自动采样系统

降水样品自动分析仪主要包括：机箱、pH 电极及测量池、电导率电极及测量池、温度传感器、控制阀组、液体容器及管路、控制/记录/显示/通信单元等。

同 5.1.1 中相关内容。

5.1.3 主要技术性能指标

(1)酸雨自动观系统的自动降水采样器的主要技术性能指标见表 5.1。

表 5.1　自动降水采样器技术参数

指标	参数
适用降水类型	各种液态及固态降水
降水量范围	24 h 降水量 1.0～300 mm。当 24 h 降水量达到 1.0 mm 以上时，能采集到≥50 mL 的降水样品；当 24 h 降水量达到 300 mm 时，降水样品无逸出或溅出
雨量计分辨率	0.1 mm
采样桶内径	400＋2 mm
最小感应降水强度	能够感应到 0.05 $mm \cdot h^{-1}$ 或 0.5 mm 直径的雨滴或固态降水
开盖延迟时间	＜15 s
关盖延迟时间	＜3 min
适用地域范围	极端气温≥－50 ℃的全国各类地区
密封性能和防蒸发性能	在降水间隙出现高温和暴晒等不利天气条件时，采样桶内的降水样品无显著蒸发损失（以充分保证 24 h 降水量达到 1.0 mm 以上时，能采集到≥50 mL 的降水样品）；在沙尘、大风等不利条件下，可保证采集的降水样品不受风沙等污染
环境温度	－50～50 ℃
最大相对湿度	100％
最大风力	9 级
最大日降水量	300 mm
海拔	0～5000 m

（2）pH 电极主要技术指标符合实验室 pH 计标准（GB/T 11165—1989）中 0.01 级 pH 计的有关规定（上海精密科学仪器有限公司雷磁仪器厂 等，2005），如表 5.2。

表 5.2　pH 电极的主要技术指标

指标	参数
最小降水样品量	50 mL
测量环境	温度：10～35 ℃；最大相对湿度：90％
pH 测量范围	0～14
pH 测量精度	±0.02
待测溶液温度范围	5～40 ℃
响应时间	＜10 s
正常使用寿命	＞1 a

（3）电导电极主要技术指标符合实验室电导率仪标准（JB/T 9366—1999）中 1.0 级电导率仪的有关规定（上海精密科学仪器有限公司雷磁仪器厂，2017），如表 5.3。

表 5.3　电导电极主要技术指标参数

指标	参数
最小降水样品量	50 mL
测量环境	温度：10～35 ℃；最大相对湿度：90％
K 值测量范围	0～2000 μS・cm^{-1}
K 值测量精度	±1.0％全量程
待测溶液温度范围	5～40 ℃
温度补偿功能及温度范围	有，5～40 ℃
正常使用寿命	＞1 a

5.2　安装要求

按照《地面气象观测规范》布设酸雨自动观测系统，自动降水采样器须安装在室外观测场，"一体式"的酸雨自动观测系统安装在观测场。"分体式"的酸雨自动观测系统降水采样器安装在室外，自动分析仪安装在室内。数据综合处理软件安装在观测室内的计算机中。

电力线和信号线布设应符合《地面气象观测场规范化建设图册》的要求。信号线采用 RS-485/RS-232 方式与综合集成硬件控制器连接。接地端子用 16 mm^2 的接地线就近接入观测场地网，接地电阻应≤4 Ω。电路和机械设计须遵循相关国家标准，确保仪器的使用安全，各类安全标志醒目、清晰。设备连接线、通信线、电源线接插件连接可靠。应有良好的防雷保护功能。具有良好接地设计，电源部分应有防护感应雷击的设计，通信线路端口采用光隔离连接。

仪器主机安装前和安装后，要查看型号、出厂编号，目测检查设备外观，查看制造商等标志是否清晰可辨、有无金属件锈蚀和其他机械损伤。确认无误后安装采样桶或采样袋，检查与添加标准溶液，进行各部分状态检查、系统启动、预热、参数设置、标校参数检查核实等等。

安装在地面气象观测场内的设备布置见第 3 章。自动降水采样设备、感雨器的安装应符合以下要求（图 5.3）：

（1）采样桶口水平，其高度为 120～150 cm；

（2）感雨器的感应面高度 120～150 cm，不低于自动采样设备其他部件的（静止）高度；

（3）感雨器感雨面与自动采样设备其他部件的水平距离≥30 cm（中国气象局，2017）。

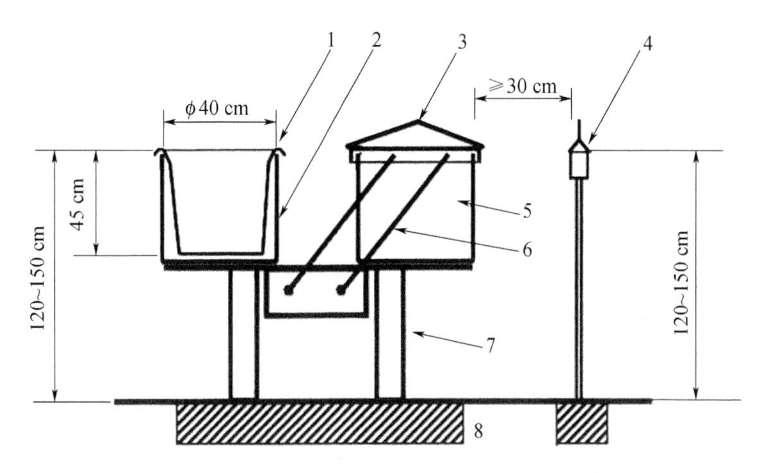

图 5.3 自动降水采样设备示意图

(1. 降水采样容器,2. 采样容器外保护桶,3. 采样桶盖,4. 感雨器,
5. 桶盖保护桶,6. 开、关桶盖机构,7. 支架机构,8. 基座)

5.3 测量操作

5.3.1 "一体式"酸雨自动观测系统

当日 08 时至次日 08 时,自动降水采样器根据感雨器的信号,自动打开或关闭降水采样桶,采集降水样品。每日 08 时至 08 时 10 分,自动降水采样器将降水样品转移到降水样品自动分析仪,并更换(或清洗)降水采样容器。自动分析时间设定 08 时 00 分,降水样品自动分析仪在 09 时完成降水样品的 pH、电导率的自动测量。

观测人员在计算机上操作,获取自动降水采样器和降水样品自动分析仪的观测数据和信息,并完成数据质量检查,生成酸雨观测数据记录并完成数据质量检查。

5.3.2 "分体式"酸雨自动观测系统

"分体式"酸雨自动观测系统,根据感雨器的信号,自动启闭降水采样桶,采集降水样品。08 时观测人员收取前一日的降水样品(连采样袋)后,安放新的采样桶(及采集袋)。观测人员对降水样品进行检查,观察其颜色、浑浊程度以及是否含有昆虫、草(树)叶、尘土等杂物。如有,应用洁净的镊子将大块的杂物取出,再视降水样品的浑浊情况,静置,使混浊物沉淀。静置一段时间使得样品温度与室温相接近时,再将澄清的样品转移到位于室内的降水样品自动分析仪。启动降水样品自动分析仪,自动在 4 h 之内完成降水样品的 pH、电导率的测量。将获取的自动降水采样器和降水样品自动分析仪的观测数据和信息,生成并传输酸雨观测数据记录。降水样品的受污染程度和混入杂物的类型等应在酸雨巡检记录簿备注栏内备注。

5.4 电极校准

每支电极须完成出场检验校准，首次使用时须完成现场校准。

电极正常使用中，每周用标准缓冲溶液校准进行 pH 电极校准，每月用电导率校准液进行电导率电极校准。

可分为手动校准和自动校准。一般以自动校准为主，人工校准作为辅助校准方法可在自动校准出现故障或者工程师检修时启动。

手动校准操作步骤为：

(1)准备 100 mL 标准缓冲溶液，准备洗瓶、滤纸、废液缸。启动“手动校准”功能，将 pH 电极取出并用纯水清洗干净，依次将电极放置在 pH=4.01、pH=6.86 和 pH=9.18 的标准溶液中，若读取的 pH 与已知溶液的 pH 偏差在±0.02 以内则正常。更换缓冲溶液时须清洗干净电极。

(2)准备电导率校准液，准备洗瓶、滤纸、废液缸。取下电导率电极进行清洗、擦干、放入 $K=146.5\ \mu S \cdot cm^{-1}$的校准液中，点击“校准”界面，进行“$K=146.5\ \mu S \cdot cm^{-1}$”电导率校准。重复此操作进行“$K=1408\ \mu S \cdot cm^{-1}$”的校准。电导率偏差在±1.0% F.S 以内则正常。

自动校准操作步骤为：

准备 100 mL 标准缓冲溶液和电导率校准液。启动“自动校准”功能，自动完成 pH 校准(pH=4.01、pH=6.86、pH=9.18)，电导率校准($K=146.5\ \mu S \cdot cm^{-1}$、$K=1408\ \mu S \cdot cm^{-1}$)。校准前一天换新的标准缓冲溶液和电导率校准液(中国气象局，2017)。

电极的校准信息应记录在酸雨巡检记录簿的备注栏中(表 5.4)。

表 5.4 酸雨巡检记录簿

<table>
<tr><td>观测/巡检日期</td><td>年 月 日</td><td>观测员</td><td></td><td>审核员</td><td></td></tr>
<tr><td></td><td colspan="2">是否更换/检定/维修</td><td>更换/检定/维修日期</td><td>异常情况</td><td>备注</td></tr>
<tr><td>降水采样袋更换</td><td colspan="2"></td><td></td><td></td><td></td></tr>
<tr><td>自动设备纯水更换</td><td colspan="2"></td><td></td><td></td><td></td></tr>
<tr><td>自动设备标准缓冲溶液更换</td><td colspan="2"></td><td></td><td></td><td></td></tr>
<tr><td>自动设备电导电极液更换</td><td colspan="2"></td><td></td><td></td><td></td></tr>
<tr><td>自动采样器检定</td><td colspan="2"></td><td></td><td></td><td></td></tr>
<tr><td>自动分析仪检定</td><td colspan="2"></td><td></td><td></td><td></td></tr>
<tr><td>自动采样器维修</td><td colspan="2"></td><td></td><td></td><td></td></tr>
<tr><td>自动分析仪维修</td><td colspan="2"></td><td></td><td></td><td></td></tr>
<tr><td>人工设备标准缓冲溶液更换</td><td colspan="2"></td><td></td><td></td><td></td></tr>
</table>

续表

pH 计检定				
电导率仪检定				
pH 计维修				
电导率仪维修				
其他维护维修情况				
项目	日期	描述		
可能对观测业务造成影响的各种事件和活动描述				
持续日期	描述			备注
样品污染情况描述				
持续日期	描述			备注
其他情况				

注:若无异常或备注等请填写无。

5.5　系统维护

5.5.1　日常维护

在业务运行中,应做好日常巡视、维护工作。有关要求如下:

(1)检查是否有报警,检查采样桶盖关闭、打开状况,采样袋密封情况。

(2)检查纯水、标准缓冲溶液、电导率校准溶液、电极保护液状况等。

(3)发现仪器(尤其是采样区)有蜘蛛网、鸟窝、灰尘、树枝、树叶等影响数据采集的杂物，应及时清理。在做酸雨日/月数据时填写状态信息。

(4)检查数据上传情况。

(5)发现异常或数据错误应及时处理，查明原因，开展维护或维修工作。

(6)填写日常巡检维护记录。

5.5.2 定期维护

(1)每月检查供电设施，保证供电安全。

(2)每季度检查、疏通水道、感雨器、雨量计。保证出水畅通，将网罩取下清洗，再擦拭承水器环口及内表面，翻斗部件的盛水斗内如有泥沙，应用清水清洗干净，手指切勿触摸上翻斗和计量翻斗斗室内壁。

(3)每年春季对防雷设施进行全面检查。

(4)定期检查、维护的情况应记入酸雨巡检记录簿中。

维护周期见表5.5。

表5.5 维护周期

序号	维护/检查内容	建议频次
1	更换采样袋	每次取样
2	更换缓冲溶液	1周或校准前
3	更换电极校准液	校准前
4	更换纯水	1周
5	更换KCl保养液	1月
6	检查供电设备	1月
7	清洗注射泵	1月
8	清洗测量槽	3月
9	清洗感雨器	3月
10	更换蠕动泵管	6月
11	检查防雷设施	1 a
12	更换pH电极	1 a
13	更换电导电极	1 a
14	更换分析系统管路	2 a

复习思考题

1. 根据酸雨采样和分析方式的不同，酸雨自动观测系统可分为哪几种？

2. “分体式”的降水样品自动分析仪及“一体式”的降水样品自动分析仪适用于

什么地区?

3. 简述酸雨自动观测系统的工作原理。

4. 简述自动降水采样设备、感雨器的安装要求。

5. 简述“一体式”酸雨自动观测系统的样品采样和测量。

6. 简述电极手动校准操作步骤。

7. 简述酸雨自动观测系统的日常维护要求。

8. 简述酸雨自动观测系统的定期维护要求。

第6章　质量管理和质量控制

为保证酸雨观测质量必须加强质量管理和质量控制。完善的质量管理制度是保障酸雨观测数据具备“三性”要求的基础。通过对酸雨观测数据的校验、复测、业务考核等手段来保证酸雨观测站的观测质量。

6.1　规章制度

6.1.1　种类

为了满足酸雨观测数据的“代表性、准确性、比较性”的要求，符合相关规范技术标准，必须建立相应的质量管理制度，包括酸雨值班制度、仪器和化学试剂的安全使用（操作）和管理制度、酸雨观测资料和档案管理制度以及观测工作质量检查制度。

2006年，中国气象局监测网络司制定并正式下发了《酸雨观测业务规章制度（试行）》（气测函〔2006〕278号），包括：

（1）值班职责。酸雨观测领班职责，观测员职责，仪器维护保管员职责。

（2）工作制度。值班制度，交接班制度，观测场地使用、维护制度，实验室安全卫生制度，记录报表编制和报送制度，观测人员持证上岗制度，业务学习制度，检查制度，报告制度。

（3）酸雨业务质量考核办法。

（4）酸雨观测业务创优竞赛活动办法。

6.1.2　酸雨业务质量考核办法

2018年，中国气象局综合观测司制定并下发了《气象观测业务质量综合考核办法（试用版）》，其中酸雨业务质量的综合考核如下：

酸雨业务质量综合考核的内容见表6.1。

表 6.1 酸雨业务质量综合考核内容

<table>
<tr><th>考核内容</th><th>考核指标</th><th>对应分值</th><th>考核对象</th><th>考核周期</th></tr>
<tr><td rowspan="2">数据质量(40 分)</td><td>元数据正确率</td><td>5</td><td rowspan="6">省(自治区、直辖市)气局台站</td><td rowspan="4">月、年</td></tr>
<tr><td>观测数据可用率</td><td>35</td></tr>
<tr><td>数据传输(15 分)</td><td>数据传输及时率</td><td>15</td></tr>
<tr><td>设备运行(15 分)</td><td>设备稳定运行率</td><td>15</td></tr>
<tr><td rowspan="2">维护保障(30 分)</td><td>仪器计量及时率</td><td>15</td><td>年</td></tr>
<tr><td>故障修复及时性</td><td>15</td><td>月、年</td></tr>
</table>

(1)数据质量

① 元数据正确率

a. 酸雨观测业务参与考核的元数据包括台站信息、仪器设备信息。

台站信息包括区站号、台站名、建站时间、经度、纬度、海拔高度、台站地址、地理环境、所属机构、联系人、联系方式。仪器设备信息包括仪器名称、仪器测量/观测方法、仪器性能指标(量程、精度)、仪器型号、仪器号码、生产厂家、启用时间。

b. 计算方法

$$\text{元数据正确率}=\frac{\text{正确上传的元数据总量}}{\text{应上传的元数据总量}}\times 100\%$$

c. 评分标准

当元数据正确率<90.00%时,此项不得分;否则,元数据正确率得分=元数据正确率×5 分。

② 观测数据可用率

a. 酸雨观测数据可用率考核对象包括酸雨日文件和月文件。

b. 计算方法

$$\text{酸雨观测数据可用率}=\frac{\text{通过质量检查的数据总量}}{\text{应上传的数据总量}}\times 100\%$$

c. 评分标准

酸雨观测数据可用率达 80.00%及以上时,得 35 分;<70.00%时,不得分;其他情况,观测数据可用率得分=观测数据可用率×35 分。

(2)数据传输

酸雨数据传输及时率达 98.00%及以上时,得 15 分;低于 90.00%时,不得分;其他情况,数据传输率得分=数据传输及时率×15 分。

(3)设备运行

酸雨设备稳定运行率通过统计运行时间、故障时间计算求得。故障时间根据上传的故障报告时间(精确到小时)和数据运行监控统计。

① 计算方法

$$设备稳定运行率=\frac{运行时间-故障时间}{应运行时间}\times 100\%$$

② 评分标准

酸雨设备稳定运行率达80.00%及以上时，得15分；<70.00%时，不得分；其他情况，设备稳定运行率得分=设备稳定运行率×15分。

(4)维护保障

① 仪器计量及时率

a. 酸雨观测仪器计量标校周期详见表6.2。

表6.2 酸雨观测仪器计量标校周期

设备名称	设备类型	标校内容	标校周期	标校单位
酸雨观测	PH-3C,DDS307	设备校准	1次/a	省级业务部门
	PH-3C,DDS307	样品考核	1次/a	探测中心

b. 计算方法

$$仪器计量及时率=\frac{及时计量标校的次数}{应计量标校的总次数}\times 100\%$$

c. 评分标准

仪器计量及时率为100%时，得15分；否则，不得分。

② 故障修复及时性

单次故障168 h内修复得15分，每超过24 h扣5分，扣完为止。

6.2 观测数据的校验

6.2.1 要求

按照6.2.2的方法，对降水pH和降水电导率的测量结果进行校验。

6.2.2 降水pH和降水电导率测量结果的校验方法

(1)方法原理

降水中除含有氢离子(H^+)氢氧根离子(OH^-)外，还含有一定量的其他离子，依据水溶液中各离子成分电导率的加和性质，可得下式：

$$K > K_{H^+} + K_{OH^-} \tag{6.1}$$

式中，K为降水电导率，单位为微西门子每厘米($\mu S \cdot cm^{-1}$)；K_{H^+}为氢离子的电导率，单位为微西门子每厘米($\mu S \cdot cm^{-1}$)；K_{OH^-}为氢氧根离子的电导率，单位为微西门子每厘米($\mu S \cdot cm^{-1}$)。

式(6.1)中的K_{H^+}、K_{OH^-}可由式(6.2)和式(6.3)分别计算。

$$K_{H^+}=A_{H^+}\times 10^{-pH} \tag{6.2}$$

$$K_{OH^-}=A_{OH^-}\times 10^{pH-14} \tag{6.3}$$

式中，A_{H^+}为氢离子的摩尔电导率，$3.497\times 10^5\ \mu S\cdot cm^2\cdot mol^{-1}$；$A_{OH^-}$为氢氧根离子的摩尔电导率，$1.986\times 10^5\ \mu S\cdot cm^2\cdot mol^{-1}$；降水 pH，无量纲。

(2)数据校验方法

将实测的降水电导率和降水 pH 代入式(6.4)，计算ΔK。

$$\Delta K=K-A_{H^+}\times 10^{-pH}-A_{OH^-}\times 10^{pH-14} \tag{6.4}$$

式中，ΔK为实测降水电导率与氢离子、氢氧根离子的电导率之差，单位为微西门子每厘米($\mu S\cdot cm^{-1}$)；其他同式(6.1)、(6.2)、(6.3)的含义。

如$\Delta K\geqslant 0$，则测量数据通过校验；否则，为不通过(中国气象局，2017)。

6.3　制作测量质量控制图

6.3.1　制作要求

酸雨观测站应按年度分别制作降水 pH 测量质量控制图、降水电导率测量质量控制图(汤洁，2008)。

6.3.2　站内复测的上限值和下限值

(1)人工挑选

根据本站前 3 a 的 pH(或电导率)测量极限统计结果确定的站内复测的上限值和下限值系。统计方法如下：

① 首先，每年年初统计上一年的观测极值，即统计上一年的 5 个(在年平均降水次数<80 次的干旱地区，个数减为 3 个，下同)最高值和 5 个(3 个)最低值。

② 与前 2 a 的极值统计结果一起确定前 3 a 的统计极值。第 5 个高位值即为本年度站内复测上限值，第 5 个低位值即为本年度站内复测下限值。见表 6.3 的示例。

表 6.3　某酸雨观测站 2000 年度站内降水 pH 复测的上下限

年份	前 5 位极高值	前 5 位极低值
1997	6.28,6.17,6.08,5.99,5.93	3.69,3.72,3.79,3.82,3.91
1998	6.39,6.31,6.20,6.09,6.03	3.54,3.63,3.90,3.91,3.96
1999	6.23,6.16,6.14,5.98,5.92	3.62,3.69,3.78,3.79,3.84
1997—1999	6.39,6.31,6.28,6.23,6.20	3.54,3.62,3.63,3.69,3.69

注：1997 年、1998 年、1999 年这三行的下划线代表这三年前 5 位最高值与这三年前 5 位最低值。1997—1999 年这一行的下划线是复测上限值和复测下限值。

(2)ISOS 业务软件计算站内复测站内上(下)限值

在 ISOS 业务软件上，当上一年观测完毕，点击“年值计算”按钮，可根据前 3 a 的观测资料计算出本年的站内复测上(下)限值。

(3)酸雨自动观测系统提取站内复测站内上(下)限值

应在每年年初，酸雨自动观测系统从地面综合观测业务软件(ISOS)中提取各酸雨观测站本年度的降水 pH、电导率值质量控制指标(站外复测上下限和站内复测上下限)，超出质量控制指标，进行报警，进行下一步观测质量控制。

6.3.3 站外复测的上限值和下限值

降水 pH 的站外复测上限值为 9.00，下限值为 3.00。

降水电导率的站外复测上限值为 1000.0 $\mu S \cdot cm^{-1}$。

6.3.4 降水 pH 观测质量控制图的制作

(1)降水 pH 观测质量控制图的横坐标为观测(记录)的序数，范围按照本站平均年降水日数的多少选取，一般要比本站平均年降水日数超出 50%为宜；纵坐标为 pH，范围宜选在 1.00～10.00。

(2)在降水 pH 观测质量控制图上描绘降水 pH 的站内复测上、下限和站外复测上、下限。

(3)每次完成降水样品的 pH 测量后，在图上点绘测量值。

图 6.1 为某酸雨观测站 2000 年的 pH 测量质量控制图(该站年平均降水日数约为 53 次)(中国气象局，2017)。

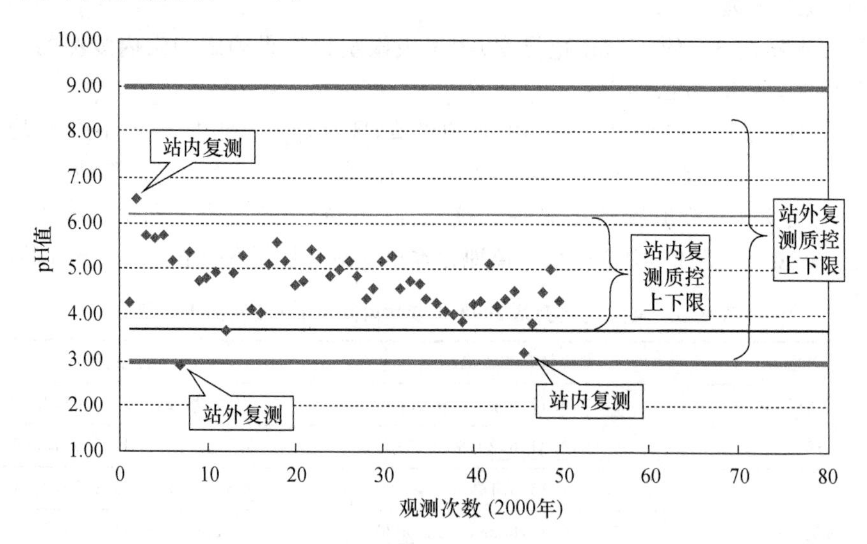

图 6.1 2000 年某酸雨观测站的 pH 质量控制图

6.3.5　降水电导率测量质量控制图的制作

(1)降水电导率测量质量控制图的横坐标为观测(记录)的序数，范围按照本站降水天数的多少选取，一般要比本站平均年降水日数超出 50%为宜;纵坐标为电导率的对数，范围宜选在 0.1～10000 $\mu S \cdot cm^{-1}$。

(2)在降水电导率测量质量控制图上描绘降水电导率的站内复测上、下限和站外复测上限。

(3)每次完成降水样品的电导率测量后，在图上点绘测量值。

图 6.2 为某酸雨观测站 2000 年度的 K 值测量质量控制图(该站年平均降水日数约为 53 次)。

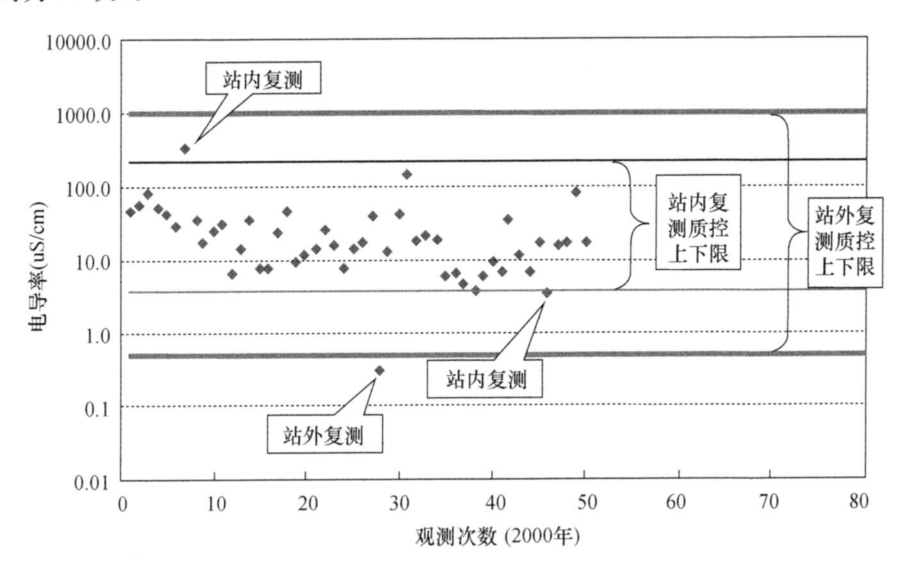

图 6.2　2000 年某酸雨观测站 K 值的测量质量控制图

6.4　复测

6.4.1　人工观测酸雨的复测

(1)站内复测

当出现以下情况时，应进行复测：

① 当某次观测的测量结果不能通过降水 pH-降水电导率的数据校验时;② 当某次观测的电导率和 pH 超出复测上下限时(系 3 次读数的平均值，下同)。应立即由站内其他观测员进行复测。将复测结果记录在酸雨观测记录簿相应的栏目内，并在该记录页的备注栏中注明“已复测”。

(2)站外复测

当某次观测的 pH＞9.00 或＜3.00,或者电导率＞1000.0 $\mu S \cdot cm^{-1}$ 时,除了进行站内复测外,还须将该样品的未测部分保留,装在洁净的聚乙烯瓶内,密封后,寄送中国气象局指定的实验室进行复测,并在酸雨观测记录簿中注明"外送复测"。

6.4.2 自动观测系统的复测

(1)站内复测

当某次观测的 pH 或电导率值(系 3 次读数的平均值,下同)超出当年站内复测上、下限的范围时,自动观测设备应立即启动复测程序,对 pH 和电导率进行复测,并在该记录页的备注栏中注明"已复测"。

(2)站外复测

当某次观测的 pH 或电导率值超出站外复测的上、下限范围时,除了进行站内复测外,应将该样品的未测部分保留,并转移至洁净的聚乙烯瓶内,密封后,寄送中国气象局指定的实验室进行 pH 和电导率的复测,并在酸雨观测记录簿中注明"外送复测"。

6.4.3 复测结果

复测结果视同原始观测记录,同样需要保存和存档。

如果所余降水样品不足以完成站内或站外复测,需在酸雨观测记录簿中注明。

6.5 业务考核

6.5.1 要求

酸雨观测站应定期参加酸雨观测业务质量考核,在规定的时间内完成考核样品的测量,并报告本站的考核样品测量结果。

6.5.2 考核

(1)总则

酸雨观测质量考核的目的是,通过比对测量统一配发的考核样品,了解各酸雨观测站测量仪器的情况和操作人员的技术状态,保持酸雨观测站的观测质量。

每年应至少进行一次酸雨观测质量考核。

(2)考核样品

考核样品的 pH 应在 3.50～7.50 范围内,电导率≤500.0 $\mu S \cdot cm^{-1}$。根据参加考核站点的数量制备多组考核样品,按照随机方式选取,每个酸雨观测站配发 2 个或以上考核样品,由观测站测量其 pH 和电导率。每组考核样品至少要配发 30 份。

(3)考核的时间要求

考核样品发送到酸雨观测站后,应尽快测量,并书面报告测量结果。报告测量结果的日期与考核样品发送日期相差不应超过 30 d。

(4)考核样品的标准值

考核样品的标准值为该组考核样品的全部有效(剔除异常值后的)测量值的算术平均值。

(5)考核结果

测量值与标准值相差＜3 倍标准偏差者为合格,＞3 倍标准偏差者为不合格。

(6)不合格后的处理

如果考核样品的 pH、电导率等不在正常范围以及台站所用纯水的电导率达不到要求,则应立即查找原因后补考,如仍不在正常范围,应考虑更换复合电极或检修仪器。

复习思考题

1. 酸雨质量管理制度有哪些?
2. 简述降水 pH 和降水电导率测量结果的校验方法。
3. 简述人工挑选 pH(或电导率)站内复测的上限值和下限值。
4. 什么情况下对酸雨观测结果进行站内复测?
5. 什么情况下对酸雨观测结果进行站外复测?
6. 简述对酸雨观测的业务考核。

第7章　观测记录、数据文件和业务软件操作

酸雨观测记录薄为原始酸雨观测记录，必须按规定完整、正确、规范的填写所有数据。将酸雨观测数据输入或自动酸雨观测设备传输至地面气象观测业务软件，形成酸雨观测数据文件，上传至信息中心。为保证酸雨观测资料的质量，气象观测业务软件对酸雨观测资料进行初步的质量控制。

7.1　酸雨观测记录簿

7.1.1　要求

酸雨观测记录薄为原始酸雨观测记录。在降水采样日界内有降水发生时，必须在酸雨观测记录簿的有关栏内填写相应的记录。酸雨观测记录簿上的记录一律用黑或蓝黑墨水笔填写，字迹应清晰工整。校对发现有误时，应将错误的整组记录划去，在其上方用黑或蓝黑墨水笔另行书写正确的记录，禁止涂、擦、刮、贴或字上改字、描字。

7.1.2　酸雨观测记录簿的记录格式、填写要求和有关统计方法

(1)记录格式

见表7.1。

(2)填写说明

① 观测日期

填写本次降水采样日界所对应的日期。只要在当日出现降水，就要填写。

② 初测测量时间和复测测量时间

分别填写完成降水样品的pH和电导率初测或复测结束的时间(日、时、分)。

③ 采样记录

人工采样填写每次安放、收取采样桶的时间(日、时、分)。

自动降水采样记录每次降水采样桶盖打开和关闭的时间(日、时、分)。

④ 降水时段

人工采样填写第一次安放和最后一次收取采样桶的时间(日、时、分)。

自动降水采样记录第一次打开降水采样桶盖和最后一次关闭采样桶盖的时间(日、时、分)。

⑤ 测量记录

a. 在“pH”栏下的“读数 1,2,3”栏内顺序填写先后测量的 3 个 pH 原始读数,在其后的“均值”栏填写 3 个原始读数的算术平均值,保留 2 位小数,例如 5.45;如末位为零,也应补齐,如 5.10。

b. 在“电导率($\mu S \cdot cm^{-1}$)”栏下的“读数 1,2,3”栏内顺序填写先后测量的 3 个电导率原始读数,在其后的“均值”栏填写 3 个原始读数的算术平均值,保留 1 位小数,如 102.7;如末位为零,也应补齐,如 75.0。

c. 在“均值(25 ℃)”栏填写订正到 25 ℃时的电导率值,保留一位小数,如 103.4;如末位为零,也应补齐,如 75.0。如果测量仪器具有温度补偿功能,并且在测量中已经进行了温度补偿(订正),则直接计算原始读数的算术平均值,同时填写到“均值(25 ℃)”栏中。

表 7.1　酸雨观测记录薄

<table>
<tr><td colspan="2" rowspan="2">观测日期</td><td colspan="3" rowspan="2">年　月　日</td><td colspan="2">初测测量时间</td><td colspan="3">日　时　分</td></tr>
<tr><td colspan="2">复测测量时间</td><td colspan="3">日　时　分</td></tr>
<tr><td colspan="2">采样记录</td><td rowspan="2">测量记录</td><td colspan="2">pH</td><td colspan="2">电导率($\mu S \cdot cm^{-1}$)</td><td colspan="3">同期气象资料</td></tr>
<tr><td rowspan="2">安放时间</td><td rowspan="2">收取时间</td><td>初测</td><td>复测</td><td>初测</td><td>复测</td><td rowspan="2">14 时</td><td>风速</td><td></td></tr>
<tr><td>读数 1</td><td></td><td></td><td></td><td></td><td>风向</td><td></td></tr>
<tr><td></td><td></td><td>读数 2</td><td></td><td></td><td></td><td></td><td rowspan="2">20 时</td><td>风速</td><td></td></tr>
<tr><td></td><td></td><td>读数 3</td><td></td><td></td><td></td><td></td><td>风向</td><td></td></tr>
<tr><td></td><td></td><td>均 值</td><td></td><td></td><td></td><td></td><td rowspan="2">02 时</td><td>风速</td><td></td></tr>
<tr><td></td><td></td><td colspan="3">均值(25 ℃)</td><td></td><td></td><td>风向</td><td></td></tr>
<tr><td></td><td></td><td colspan="3">降水样品测量温度(℃)</td><td></td><td></td><td rowspan="2">08 时</td><td>风速</td><td></td></tr>
<tr><td colspan="2" rowspan="2">降水时段</td><td rowspan="2">pH 计校准记录</td><td colspan="2">标准缓冲溶液(初测)</td><td colspan="2">标准缓冲溶液(复测)</td><td>风向</td><td></td></tr>
<tr><td>中性</td><td>酸(碱)性</td><td>中性</td><td>酸(碱)性</td><td>降水量</td><td colspan="2"></td></tr>
<tr><td>起始时间</td><td>终止时间</td><td>温度</td><td></td><td></td><td></td><td></td><td rowspan="2">天气现象</td><td colspan="2" rowspan="2"></td></tr>
<tr><td></td><td></td><td>pH</td><td></td><td></td><td></td><td></td></tr>
<tr><td>备注</td><td colspan="9"></td></tr>
<tr><td>采样</td><td colspan="2"></td><td>初测</td><td></td><td>复测</td><td></td><td>校对</td><td colspan="2"></td></tr>
</table>

d. 如果在测量中未进行温度补偿(订正),则先计算 3 个原始读数的算术平均值,填写到“均值”栏,再根据公式 7.1 将其订正到 25 ℃的 K 值,并将其填到“均值(25 ℃)”栏。

e. 将在温度 t 下测得的电导率订正为 25 ℃的电导率。计算公式如下:

$$K_s = \frac{K_t}{1+0.022(t-25)} \tag{7.1}$$

式中,K_s为 25℃的电导率,单位为微西门子每厘米($\mu S \cdot cm^{-1}$);K_t为温度 t 下测得的电导率,单位为微西门子每厘米($\mu S \cdot cm^{-1}$);t 为样品测量温度,单位为摄氏度(℃)。

f. 在“降水样品测量温度(℃)”栏内填写测量降水样品电导率时的温度。

⑥ pH 计校准记录

a.“标准缓冲溶液(初测)”栏下填写采用中性标准缓冲溶液和酸性(或碱性)标准缓冲溶液校准的测量温度和测量读数。

b. 如果在对降水样品复测时再次对 pH 计进行校准,则在“标准缓冲溶液(复测)”栏下填写采用中性标准缓冲溶液和酸性(或碱性)标准缓冲溶液校准的测量温度和测量读数。

⑦ 气象资料

a. 在“风向”和“风速”的栏内,填写采样日界内的 14 时、20 时、02 时、08 时的 10 min 平均风向和 10 min 平均风速。风速的单位为 $m \cdot s^{-1}$,数值保留一位小数。风向方位角(顺时针方向)记录,正北为 0°。风速小于 0.2 $m \cdot s^{-1}$时,记为静风,用符号 C 表示。

b. 在“降水量”栏内填写降水样品所对应时段内的降水量,单位 mm,保留一位小数。

c. 在“天气现象”栏内填写降水起止时段内出现的天气现象,如:轻雾、沙尘暴、雾、毛毛雨、非阵性的雨、非阵性的固态降水或混合降水、阵性降水等。

⑧ 备注

填写酸雨观测中出现的异常情况及其他需要记录的内容。

⑨ 采样、测量、校对

采样、测量(初测和复测)、校对工作完成后,分别由采样人、测量人、校对人签字(中国气象局,2017)。

观测记录举例见表 7.2。

7.2 日酸雨观测资料

根据酸雨观测记录簿的记录,按日编制日酸雨观测资料,当日无降水时,仍应编制日酸雨观测资料。日酸雨观测资料的文件格式和编制说明参见 7.5.4。

表 7.2　观测日期、测量时间、采样记录、降水时段的记录举例

实例	降水出现时间	降水量	观测日期	采样记录	初测和复测时间	降水时段	降水量	天气现象
1	2002 年 7 月 5 日 雨 09^{36}①—6 日 08^{10}	5 日 08—20 时，4.5 mm 5 日 20—6 日 08 时，6.2 mm 6 日 08—20 时，0.5 mm	2002 年 7 月 5 日	安放时间 5 日 09^{36} 收取时间 6 日 08^{10}	6 日 11 时 28 分	开始时间 5 日 09^{36} 终止时间 6 日 08^{10}	11.2	•
2	2002 年 7 月 8 日 雨 13^{12}—14^{05} 14^{52}—15^{17} 阵雨 16^{42}—18^{27}	8 日 08—20 时，8.3 mm	2002 年 7 月 8 日	安放时间 8 日 13^{12} 收取时间 8 日 14^{05} 安放时间 8 日 14^{52} 收取时间 8 日 15^{17} 安放时间 8 日 16^{42} 收取时间 8 日 18^{27}	9 日 10 时 32 分 （初测） 9 日 12 时 09 分 （复测）	开始时间 8 日 13^{12} 终止时间 8 日 18^{27}	8.3	• $\dot{\bigtriangledown}$
3	2002 年 7 月 12 日 阵雨 13^{25}—13^{38}	12 日 08—20 时，0.2 mm	2002 年 7 月 12 日	安放时间 12 日 13^{25} 收取时间 12 日 13^{38}	样品不足，弃样， 没有测量，不记录	开始时间 12 日 13^{25} 终止时间 12 日 13^{38}	0.2	$\dot{\bigtriangledown}$
4	2002 年 7 月 16 日 雨 03^{02}—05^{38} 07^{08}—09^{10} （注：由于跨日界，记为 2 个酸雨观测记录）	16 日 20—08 时，2.8 mm 16 日 08—20 时，1.1 mm	2002 年 7 月 15 日 2002 年 7 月 16 日	安放时间 16 日 03^{02} 收取时间 16 日 05^{38} 安放时间 16 日 07^{08} 收取时间 16 日 08^{09} 安放时间 16 日 08^{09} 收取时间 16 日 09^{10}	16 日 11 时 20 分 16 日 16 时 40 分 （注：由于当日没有后续降水，提前完成测量）	开始时间 16 日 03^{02} 终止时间 16 日 08^{09} 开始时间 16 日 08^{09} 终止时间 16 日 09^{10}	2.8 1.1	• •
5	2003 年 1 月 23 日 雨 10^{02}—10^{50} 10^{58}—14^{12} 雪 14^{12}—16^{23} 雨夹雪 16^{23}—19^{23}	23 日 08—20 时，3.2 mm	2003 年 1 月 23 日	安放时间 23 日 10^{02} 收取时间 6 日 19^{23}	23 日 22 时 05 分	开始时间 23 日 10^{02} 终止时间 23 日 19^{23}	3.2	• ✱ ✱

① 09^{36}代表 09 时 36 分，下同。

7.3 月酸雨观测资料

7.3.1 要求

按月对酸雨观测资料进行汇总、统计，编制成月酸雨观测资料，定期归档。当某月无降水，仍应编制月酸雨观测资料。月酸雨观测资料归档前应进行审核。

月酸雨观测资料数据文件的格式和编制说明见《酸雨观测规范》(GB/T 19117—2017)。

7.3.2 月统计值

(1)月平均 pH

计算月平均 pH，采用氢离子浓度[H⁺]——降水量加权法，即将每次降水的 pH 换算成氢离子浓度后，乘上相应的降水量求其平均：

$$pH_{\text{avg}} = -\lg \left\{ \frac{\sum [H^+]_i \cdot V_i}{\sum V_i} \right\} \tag{7.2}$$

式中，pH_{avg}为月平均 pH，无量纲；V_i为逐日水量，单位为毫米(mm)；$[H^+]_i$为逐日降水的氢离子浓度，单位为摩尔每升($mol \cdot L^{-1}$)。

氢离子浓度由式(7.3)计算

$$[H^+]_i = 10^{-pH_i} \tag{7.3}$$

式中，符号的含义同式(7.2)。

(2)(月)酸雨频率

酸雨频率采用式(7.4)计算：

$$F_{5.60} = \frac{N_{pH<5.60}}{N_T} \times 100\% \tag{7.4}$$

式中，$F_{5.60}$为酸雨频率，%；$N_{pH<5.60}$为当月降水 pH<5.60 的日数；N_T为当月酸雨观测的总日数。

(3)(月)强酸雨频率

(月)强酸雨频率采用式(7.5)计算：

$$F_{4.50} = \frac{N_{pH<4.50}}{N_T} \times 100\% \tag{7.5}$$

式中，$F_{4.50}$为强酸雨频率，单位为%；$N_{pH<4.50}$为当月降水 pH<4.50 的日数；N_T为当月酸雨观测的总日数。

(4)月平均电导率

月平均电导率采用式(7.6)计算：

$$K_{\text{avg}} = \frac{\sum K_i \times V_i}{\sum V_i} \tag{7.6}$$

式中，K_{avg}为月平均电导率，单位为微西门子每厘米（$\mu S \cdot cm^{-1}$）；V_i为逐日降水量，单位为毫米（mm）；K_i为逐日降水电导率，单位为微西门子每厘米（$\mu S \cdot cm^{-1}$）。

7.4 酸雨观测资料质量控制

对酸雨观测资料质量控制原则是对酸雨观测资料数据文件的各项数据进行检查、订正，对日观测数据记录逐条给出质量标识。

数据质量标识分为：有效、可疑和无效 3 个等级。

7.4.1 数据检查及订正

(1)格式检查及订正

按照《酸雨观测业务规范》规定，检查酸雨观测资料数据文件中各数据记录是否完整、各数据记录是否符合规定格式。

出现数据缺漏或格式错误后，应根据原始观测记录订正。

① 观测数据经订正后，可通过其他检查的，可记为有效数据。

② 观测数据部分的降水 pH、降水电导率、降水量中，其中任一数据出现错误且无法订正的，记为无效数据。无效数据不再进行其他检查。

(2)缺测检查

对数据文件的观测数据的各条数据记录进行缺测检查。当 08 时至次日 08 时的 24 h 累计降水量$\geq$1.0 mm 时，当日数据记录中，降水 pH 数据和降水电导率数据全部为空的，为缺测，其中之一为空的，为单要素缺测。

当 24 h 降水量$\leq$5 mm，出现缺测或部分缺测的，在数据文件的备注段中有相应的“样品量不足”说明的，记为二类缺测；在数据文件的备注段中无“样品量不足”等相关说明的，记为一类缺测。

缺测数据为无效数据，不再进行其他检查。

(3)值域检查和订正

按照《酸雨观测业务规范》，检查数据记录中的数值是否在合理值域范围。相关数据的值域范围如下：

① $2.0 \leq pH < 12.0$，降水 pH 超出合理值域范围，记为降水 pH 无效数据；

② $0.5\ \mu S \cdot cm^{-1} \leq K < 3000.0\ \mu S \cdot cm^{-1}$，降水电导率 K 超出值域范围，记为降水电导率无效数据；

③ $0.0\% \leq F \leq 100.0\%$，酸雨频率 F 超出值域范围，应根据原始数据重新计算并订正。

注：其他数据记录内容暂不做值域检查。

(4)统计极值检查

根据本站前 3 a 观测数据的统计极值，检查观测数据里是否超出统计极值范围。

检查方法如下：

① 降水 pH≥前 3 a 中最大日降水 pH+0.5，或降水 pH≤前 3 a 中最小日降水 pH−0.5，降水 pH 超出统计极值范围，记为降水 pH 可疑数据；

② 降水电导率≥前 3 a 中最大日降水电导率×1.2，或降水电导率≤前 3 a 中最小日降水电导率×0.5，降水电导率超出统计极值范围，记为降水电导率可疑数据。

③ 可疑数据需结合其他检查，以进一步判断为有效数据、无效数据，或仍为可疑数据。

(5)内部一致性检查

对观测数据部分中月统计数据记录进行下列检查：

① 全月降水日数≥全月酸雨观测日数；

② 全月总降水量≥酸雨观测的月总降水量；

③ 月最小降水 pH≤月平均降水 pH≤月最大降水 pH；

④ pH<5.6 的酸性降水出现百分率大于等于 pH<5.0 的酸性降水出现百分率。

对未通过一致性检查的统计数据，应根据原始数据重新计算并订正。

(6)K−pH 不等式检查与订正

将实测的降水电导率和 pH 代入公式(7.7)，计算 ΔK，对日降水 pH 数据进行检查：如 $\Delta K \geqslant 0$，则测量结果通过校验；否则，对 pH+0.1～+0.5 进行订正，将实测的降水电导率和 pH 代入公式(7.8)，计算 $\Delta K_{\mathrm{pH}+0.5}$，如 $\Delta K_{\mathrm{pH}+0.5} \geqslant 0$，则测量结果订正后通过校验，否则，为不通过。检查结果详见表 7.3 所示。

$$\Delta K = K - A_{\mathrm{H}^+} \times 10^{-\mathrm{pH}} - A_{\mathrm{OH}^-} \times 10^{\mathrm{pH}-14} \tag{7.7}$$

$$\Delta K_{\mathrm{pH}+0.5} = K - A_{\mathrm{H}^+} \times 10^{-(\mathrm{pH}+0.5)} - A_{\mathrm{OH}^-} \times 10^{(\mathrm{pH}+0.5)-14} \tag{7.8}$$

式中，ΔK 为检验指标，单位为微西门子每厘米($\mu\mathrm{S} \cdot \mathrm{cm}^{-1}$)；$\Delta K_{\mathrm{pH}+0.5}$ 为 pH+0.5 订正后检验指标，单位为微西门子每厘米($\mu\mathrm{S} \cdot \mathrm{cm}^{-1}$)；$K$ 为降水电导率，单位为微西门子每厘米($\mu\mathrm{S} \cdot \mathrm{cm}^{-1}$)；pH 为降水 pH，无量纲；$A_{\mathrm{H}+}$ 为 H^+ 离子摩尔电导率，349.7 $\mathrm{S} \cdot \mathrm{cm}^2 \cdot \mathrm{mol}^{-1}$；$A_{\mathrm{OH}^-}$ 为 OH^- 离子摩尔电导率，198.6 $\mathrm{S} \cdot \mathrm{cm}^2 \cdot \mathrm{mol}^{-1}$。

表 7.3 K-pH 不等式检查与订正

ΔK	$\Delta K_{\mathrm{pH}+0.5}$	对降水 pH 的订正	检查结果
≥0	—	无	通过检查
<0	≥0	对降水 pH 作 0.1～0.5 的订正	订正后通过检查
	<0	无	未通过检查

7.4.2 数据质量标识

(1)质量标识的格式

数据质量标识由 2 位数字组成，前一位为降水 pH 的质量标识码，后一位为降水电导率的质量标识码。

(2)质量标识码

质量标识码及其含义见表 7.4。

表 7.4　质量标识码及其含义

降水 pH 质量标识码		降水电导率质量标识码	
标识码	含义	标识码	含义
0	有效	0	有效
1	经 ΔK 检查订正后,有效	1	未使用
2	其他订正/订正后,有效	2	其他订正/订正后,有效
3	可疑	3	可疑
4	未使用	4	未使用
5	二类缺测	5	二类缺测
6	一类缺测	6	一类缺测
7	经 ΔK 检查,无效	7	未使用
8	无效	8	无效
9	未作质量检查及订正	9	未作质量检查及订正

说明:本节内容根据行业标准《酸雨观测资料质量控制(讨论稿)》编写,待行业标准《酸雨观测资料质量控制》颁布后,以《酸雨观测资料质量控制》为准。

7.5　ISOS 观测业务软件操作

7.5.1　酸雨参数设置

酸雨参数用于设置酸雨观测的海拔高度、采样方式、采样界定日、降水样品 pH 和 K 值测量时站内复测的界限值。界限值从本站前 3 a(不含本年,下同)的酸雨观测资料中统计得到,它是在酸雨观测测量中进行质量控制的重要依据之一,人工录入时 pH 需扩大 100 倍录入,K 值需扩大 10 倍录入,也可以通过历史数据导入自动统计填入。

通过 ISOS 软件主菜单“自定观测项目”→“酸雨”→“酸雨日记录簿”的“导入 Access”功能,可以把 OSMAR 酸雨软件中前 3 a 的 AR 历史数据导入(导入时,浏览到 BaseData 文件夹,Ctrl+A 全选,点击“打开”)。导入完毕后点击“酸雨参数”页面的“年末计算”按钮,会自动计算前 3 a 的酸雨 pH 极值、K 极值以及降水次数。

年值计算:当上一年观测完毕,点击“年值计算”按钮,可根据前 3 a 的观测资料计算出本年的站内复测上(下)限值,如图 7.1 所示。

站外复测上(下)限:根据酸雨规范的规定,录入站外复测值。酸雨 pH 极值站外复测上限为 900,站外复测下限为 300;酸雨 K 极值站外复测上限为 10000,站外复测下限为 20。

自定项目参数

选项设置 | 辐射仪器参数 | 辐射审核规则库 | 酸雨参数 | 酸雨仪器参数 | 基准辐射参数

酸雨pH极值

	极大值	极小值	降水次数
前推三年	663, 661, 658, 657, 657	486, 501, 504, 518, 521	121
前推两年	654, 651, 650, 649, 647	414, 430, 442, 452, 452	117
前推一年	652, 644, 643, 642, 640	381, 455, 455, 459, 460	134
今年极值	776, 654, 635, 634, 634	9, 416, 421, 426, 555	37

站内复测上限 657　站内复测下限 452

站外复测上限 900　站外复测下限 300

酸雨K极值

	极大值	极小值	降水次数
前推三年	1152, 654, 627, 586, 521	24, 26, 28, 28, 31	121
前推两年	824, 581, 439, 432, 391	23, 24, 28, 29, 29	117
前推一年	1377, 1124, 934, 650, 640	19, 22, 22, 22, 24	134
今年极值	1124, 760, 698, 531,	6, 32, 52, 70,	37

站内复测上限 824　站内复测下限 23

站外复测上限 10000　站外复测下限 20

采样参数

海拔高度 实测

采样方式 人工采样

采样日界 日采样

缓冲溶液 酸性溶液

年值计算　保存　关闭

注“今年极值”是统计至当日的前4个极值

图 7.1　前 3 a 的观测资料计算出本年的站内复测上(下)限值

海拔高度:根据台站实际情况,选择“实测”或“估测”。

采样方式:根据台站实际情况,选择“自动采样”或“人工采样”。

采样日界:根据台站实际情况,选择“日采样”或“降水过程采样”。

缓冲溶液:根据台站实际情况,选择“酸性溶液”或“碱性溶液”。

7.5.2　酸雨仪器参数

酸雨仪器参数包括仪器名称、规格型号、编号、数量、购置或检定日期、启用日期和备注。

仪器名称:可选项包括 pH 计、电导率仪、复合电极、测温探头、电导电极、烧杯、容量瓶、表面皿、洗瓶、托盘、采样桶、带盖塑料瓶、带盖试剂瓶、储水桶和自动采样器。必须先选择仪器名称,才可输入其他参数项,如图 7.2 所示。

自定项目参数

选项设置 | 辐射仪器参数 | 辐射审核规则库 | 酸雨参数 | 酸雨仪器参数 | 基准辐射参数

仪器名称	规格型号	编号	数量	购置或检定日期	启用日期	备注
PH计	PHSJ-6F	918332608018	1	2019/9/6	2019/9/9	
电导率仪	DDSJ-696A	M0000060089	1	2019/9/6	2019/9/9	
复合电极	E-218C	S031513868	1	2019/9/6	2019/9/9	
电导电极	DJS-6C	W081898168	1	2019/9/6	2019/9/9	光亮/1018
测温探头	T-818-B-6	18058169U	1	2019/9/6	2019/9/9	
测温探头	T-818-B-6	09063988G	1	2019/9/6	2019/9/9	
烧杯	100ml		1			
烧杯	250ml		6			
容量瓶	250ml		3			
洗瓶	500ml		3			
托盘	25X35		2			
采样桶	直径32		6			
带盖塑料瓶	500ml		6			
储水桶	1.5L		1			
烧杯	500mL		8			

保存　关闭

图 7.2　酸雨仪器参数录入

规格型号、编号、数量：根据台站实际情况输入，可输入任意字符。

购置或检定日期：有检定日期的仪器填检定日期，否则填购置日期，双击点选修改或手工输入。

启用日期：酸雨仪器的启用日期，双击点选修改或手工输入。

备注：需要补充说明的内容。当仪器名称为“电导电极”时，应输入电极常数值。输入格式为“电极类型/电极常数”，如只录入电极常数，应按“/电极常数”格式输入。

酸雨二级目录下有酸雨日记录簿、酸雨日记录转 S 文件、酸雨环境报告书等 3 个三级目录。

7.5.3　酸雨日记录簿

酸雨日记录簿是用于记录当日采样桶的安放和收取时间、降水起止时间段、pH 和 K 值的测量记录、缓冲溶液资料、风向风速、天气现象、备注以及其他资料，保存后生成酸雨观测日数据文件，并能实现无雨或漏采样时数据文件的上传，以及日记录簿的打印。

“台站参数”→“自定项目参数”中未设置“酸雨参数”，进入“酸雨日记录簿”时，依次弹出“酸雨站内复测 pH 极值尚未输入”“酸雨站外复测 pH 极值尚未输入”“酸雨站内复测 K 极值尚未输入”和“酸雨站外复测 K 极值尚未输入”提示窗口，如图 7.3 所示。

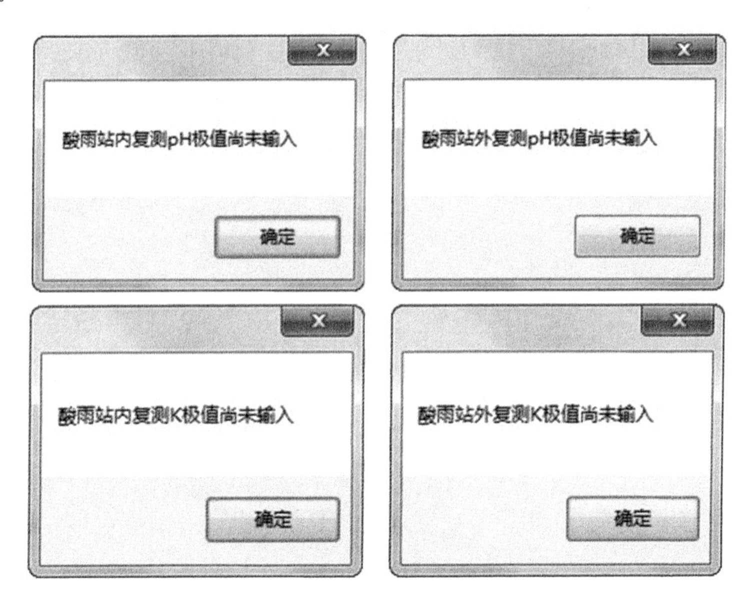

图 7.3　窗口提示

点击主菜单栏“自定观测项目”→“酸雨”→“酸雨日记录簿”，弹出交互窗口，如图 7.4 所示。

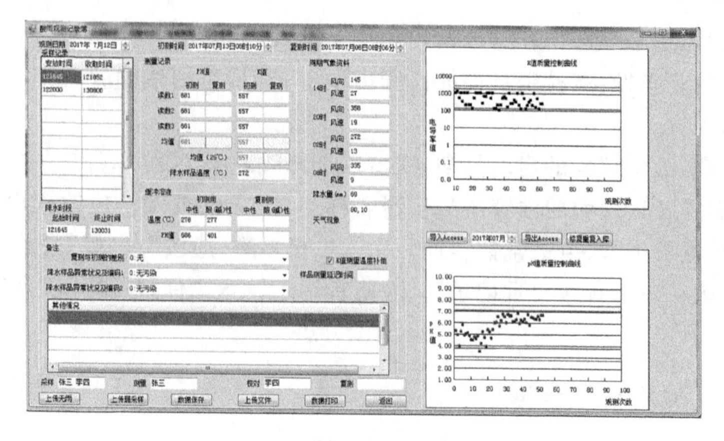

图 7.4 酸雨日记录簿录入窗口

“观测日期”“初测时间”和“复测时间”会根据当前计算机系统时间自动读取，其中“观测日期”是以 08 时为日界显示前一天的日期，“初测时间”和“复测时间”为打开日记录簿时的计算机系统时间，可根据当时测量时间进行修改。若数据库中有历史观测数据，修改观测日期后会自动读取。

采样记录的酸雨采样桶“安放时间”和降水时段的“起始时间”，采样记录的酸雨采样桶“收取时间”和降水时段的“终止时间”默认显示为当日 08 时 00 分，应按照业务规定并根据实际情况修改。上述时间的格式均为“DDHHmm”，长度 6 位，日、时、分的位长不够时，高位补“0”。14 时、20 时、02 时、08 时的 10 min 风向风速、降水量、天气现象等同期气象资料会从数据库中自动读取。天气现象也可以手工输入，也可以点击天气现象代码小键盘上相应的天气符号输入，如图 7.5 所示。

01 02 03
15 16 48
56 89 05
06 07 10
31 42 50
60 68 70
80 83 85

图 7.5 天气现象符号输入

注意：采样记录安放、收取时间会自动根据天气现象起止时间和夜间酸雨桶安放收取时间自动提取，天气现象会根据观测记录自动提取，但要注意人工校对。

pH、K 值、温度值均省略小数点，扩大相应倍数，以整数录入。

根据电导率仪配置性能，勾选或不勾选“K 值测量温度补偿”，当电导率仪自带温度补偿功能的，须勾选“K 值测量温度补偿”。

备注中的“复测与初测的差别”“降水样品异常状况及编码 1”和“降水样品异常状况及编码 2”在下拉列表中选择，“其他情况”逐条录入，可以录入任意字符。

“采样输入”单元格可以输入多个采样人员的姓名，测量、校对、复测只能输入一个人员姓名。

导入 Access：点击“导入 Access”按钮，把 OSMAR 酸雨软件中最近 3 a(不含本年)的 AR 历史数据导入(导入时，浏览到 BaseData 文件夹，Ctrl＋A 全选，点击“打开”)，文件较多时，可能会花费几分钟时间，导入完毕后点击“酸雨参数”页面的“年末计算”按钮，会自动计算最近 3 a(不含本年)的酸雨 pH 极值、K 极值以及降水次数。另外，该功能还可以将利用“导出 Access”导出的逐月酸雨记录入库。

导出 Access：点击“导出 Access”按钮可将酸雨观测记录逐月导出。

修复重复入库：点击“修复重复入库”按钮，对酸雨数据库进行修复，清除重复入库的数据。

质量控制曲线：日记录簿右侧显示 pH、K 值的质量控制曲线。质量控制图的相关内容详见《酸雨观测业务规范》附录 8。

上传无雨：当某酸雨采样日无降水或者微量降水(降水量<0.1 mm)时，点击“上传无雨”按钮，在弹出窗口中可以预览形成的报文，点击“确定”形成日酸雨数据文件并上传，点击“取消”则不形成上传数据文件。

上传漏采样：当酸雨采样日有降水但漏采样时，点击“上传漏采样”按钮，在弹出窗口中可以预览形成的报文，点击“确定”形成日酸雨数据文件并上传，点击“取消”则不形成上传数据文件。

数据保存：有酸雨观测记录时，点击“数据保存”按钮会弹出“正在存储历史酸雨观测日数据资料”的提示窗口，点击“是”后才会将日数据资料入库。如果采样记录安放和收取时间为空，点击“数据保存”时会提示“安放时间与收取时间为空，是否发送特殊报文”，如果选择是，则按无降水处理，形成无降水时的日酸雨数据文件，如图 7.6 所示。

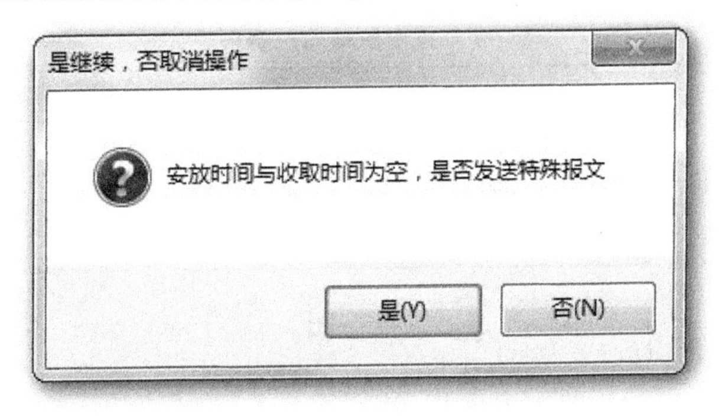

图 7.6　形成无降水时的日酸雨数据文件窗口

上传文件：数据保存后，点击“上传文件”按钮会弹出“正在存储历史酸雨观测日数据资料”的提示窗口，点击“是”后在弹出窗口中可以预览形成的报文，点击“确定”形成日酸雨数据文件并上传，点击“取消”则不会形成数据文件。

数据打印：点击“数据打印”按钮，在“...\bin\Awsnet\AR\YYYYMM”目录下形成以 YYYYMMDD.jpg 格式命名的图片，浏览图片并打印即可。

返回：点击“返回”按钮会关闭日记录簿输入窗口，如有未保存的数据，弹窗提示，如图 7.7 所示。

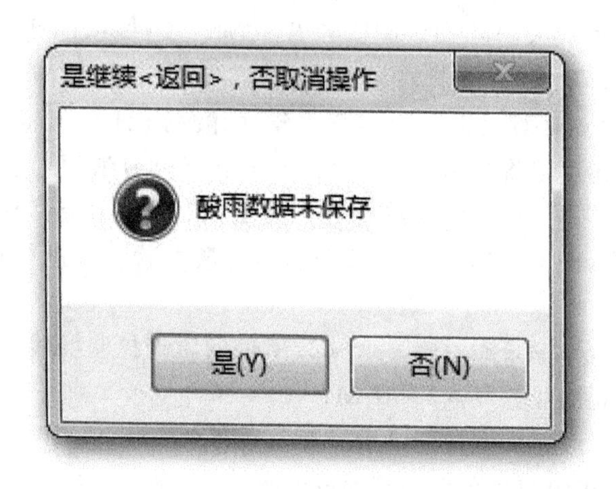

图 7.7 酸雨数据未保存提示窗口

7.5.4 酸雨日数据文件(BUFR 格式)上传

酸雨日数据 BUFR 编码数据由指示段、标识段、数据描述段、数据段和结束段构成。

(1)0 段——指示段

指示段包括 BUFR 编码数据的起始标志、BUFR 编码数据的长度和 BUFR 的版本号(表 7.5)。

表 7.5 指示段编码说明列表

八位组	含义	值
1～4	BUFR 数据的起始标志	4 个字符“BUFR”
5～7	BUFR 数据长度(以八位组为单位)	BUFR 数据的总长度
8	BUFR 编码版本号	现行版本号，固定为 4

注：8 个比特称为 1 个八位组。

(2)1 段——标识段(表 7.6)

标识段指示数据编码的主表标识、数据源中心、数据类型、数据子类型、表格版本号、数据的生产时间等信息。

表7.6 标识段编码说明

八位组	含义	值	说明
1~3	标识段段长(以八位组为单位)	23	标识段的长度为23个字节
4	BUFR主表标志	0	使用标准的WMO FM-94 BUFR表
5~6	数据源中心	38	北京
7~8	数据源子中心	0	未被子中心加工过
9	更新序列号	非负整数	原始编号为0,其后随资料的更新,编号逐次增加。
10	2段选编段指示	0	表示此数据不包含选编段
11	数据类型	8	物理/化学成分
12	国际数据子类型	101	酸雨(已在公共代码表C-13中新增该字段的定义)
13	国内数据子类型	0	未定义本地数据子类型
14	主表版本号	23	BUFR主表的版本号
15	本地表版本号	1	表示本地表版本号为1
16~17	年(世界时)	正整数	数据编报时间:年(4位公元年)
18	月(世界时)	正整数	数据编报时间:月
19	日(世界时)	正整数	数据编报时间:日
20	时(世界时)	非负整数	数据编报时间:时
21	分(世界时)	非负整数	数据编报时间:分
22	秒(世界时)	非负整数	数据编报时间:秒
23	自定义	0	为本地自动数据处理中心保留

注:表中数据编报时间使用世界时(UTC)。

(3)2段——数据描述段(表7.7)

数据描述段主要指示BUFR资料的数据子集数目、是否压缩以及数据段中所编数据的要素描述符。

表7.7 数据描述段编码说明

八位组	含义	说明
1~3	数据描述段段长	置9,表示数据描述段的长度为9个八位组
4	保留位	置0
5~6	数据子集数	非负整数,表示BUFR报文中包含的观测记录数
7	数据性质和压缩方式	置128,即二进制编码为10000000,左起第一个比特置1,表示观测数据,第二个比特置0,表示采用非压缩格式
8~9	国内酸雨观测数据BUFR编码序列描述符	3 22 192*

*:3 22 192为国内本地模板,模板展开见表7.8。

(4)3 段——数据段(表 7.8)

数据段包括本段段长、保留字段以及数据描述段中的描述符展开后的所有要素描述符对应数据的编码值。

表 7.8 数据段编码说明

内容		含义	单位	比例因子	基准值	数据宽度(比特)
数据段段长		数据段长度(以八位组为单位)	数字	0	0	24
保留字段		置 0	数字	0	0	8
测站信息						
3 01 004	0 01 001	WMO 区号	数字	0	0	7
	0 01 002	WMO 站号	数字	0	0	10
	0 01 015	站名	字符	0	0	160
	0 02 001	测站类型	代码表	0	0	2
0 01 101		国家和地区标识符	代码表	0	0	10
自定义 0 01 192		本地测站标识	字符	0	0	72
3 01 021	0 05 001	纬度(高精度)	°	5	−9000000	25
	0 06 001	经度(高精度)	°	5	−18000000	26
0 07 030		平均海平面以上测站地面高度	m	1	−4000	17
1 01 002		后面 1 个描述符重复 2 次(第 1 次是台站质量控制标识,第 2 次是省级质量控制标识)				
0 33 035		人工/自动质量控制	代码表	0	0	4
时间要素信息						
3 01 011	0 04 001	年(世界时)	a	0	0	12
	0 04 002	月(世界时)	mon	0	0	4
	0 04 003	日(世界时)	d	0	0	6
0 04 004		时(世界时,人工观测编 00)	h	0	0	5
1 40 000		40 个描述符延迟重复				
0 31 000		延迟重复因子(如当日无降水,延迟重复因子置 0;有降水,延迟重复因子置 1)	数字	0	0	1
1 38 000		38 个描述符延迟重复				
0 31 000		延迟重复因子(如当日有降水但漏采样了,延迟重复因子置 0;否则延迟重复因子置 1)	数字	0	0	1

续表

内容	含义	单位	比例因子	基准值	数据宽度(比特)
1 05 002	后面 5 个描述符重复两次(第 1 次是降水时段起始时间,第 2 次是降水时段结束时间)				
0 04 001	年(世界时)	a	0	0	12
0 04 002	月(世界时)	mon	0	0	4
0 04 003	日(世界时)	d	0	0	6
0 04 004	时(世界时)	h	0	0	5
0 04 005	分(世界时)	min	0	0	6
辅助观测数据					
0 13 011	总降水量	$kg \cdot m^{-2}$	1	−1	14
1 01 000	1 个描述符延迟重复				
0 31 001	延迟重复因子(最多重复 4 次)	数字	0	0	8
自定义 0 20 192	国内观测天气现象	代码表	0	0	7
1 02 004	后 2 个描述符重复四次(第 1 次至第 4 次分别是采样日界内 14 时、20 时、02 时、08 时自记或 10 分钟平均风向风速)				
0 11 001	风向	°	0	0	9
0 11 002	风速	$m \cdot s^{-1}$	1	0	12
观测数据					
1 18 000	18 个描述符延迟重复				
0 31 001	后 18 个描述符重复 2 次(第 1 次为初测,第 2 次为复测)		0	0	8
2 04 008	增加 8 比特位的附加字段,用来表示质量控制信息				
0 31 021	描述连带字段的含义	代码表	0	0	6
0 12 001	降水样品温度	K	1	0	12
2 02 129	改变 0 13 080 要素描述符的比例因子(1+1=2)				
1 01 003	后面 1 个描述符重复 3 次(分别为第 1,2,3 次测量)				
0 13 080	pH		1→2	0	10
0 08 023	一阶统计(=4)平均值	代码表	0	0	6

续表

内容	含义	单位	比例因子	基准值	数据宽度(比特)
0 13 080	pH	pH unit	1→2	0	10
0 08 023	一阶统计(＝缺测值)	代码表	0	0	6
2 02 000	结束对比例因子的改变操作				
2 02 130	改变 0 13 081 要素描述符的比例因子(3＋ 2＝5)				
1 01 003	后面 1 个描述符重复三次(分别为第 1、2、3 次测量)				
0 13 081	*K* 值(电导率)	$S \cdot m^{-1}$	3→5	0	14
0 08 023	一阶统计(＝4)平均值	代码表	0	0	6
0 13 081	*K* 值(电导率)	$S \cdot m^{-1}$	3→5	0	14
0 08 023	一阶统计(＝缺测值)	代码表	0	0	6
2 02 000	结束对比例因子的改变操作				
2 04 000	删去增加的附加字段				
酸雨观测备注信息					
自定义 0 02 203	酸雨复测指示码	代码表	0	0	4
自定义 0 02 204	酸雨测量电导率的手动温度补偿功能指示码	代码表	0	0	2
自定义 0 02 205	酸雨样品延迟测量指示码	代码表	0	0	4
1 01 002	后面一个描述符重复两次				
自定义 0 02 206	酸雨降水样品异常状况	代码表	0	0	3

(5)4 段——结束段

结束段编码说明见表 7.9。

表 7.9 结束段编码说明

八位组	含义	值
1～4	BUFR 报文的结束标志	4 个字符“7777”

7.5.5 酸雨日记录转 S 文件

“酸雨日记录转 S 文件”是对酸雨日记录簿中形成的全月完整数据进行转换，形成酸雨观测资料数据文件(简称 S 文件)。点击主菜单栏“自定观测项目”→“酸雨”→“酸雨日记录转 S 文件”，打开“酸雨日记录转 S 文件”界面，如图 7.8 所示。

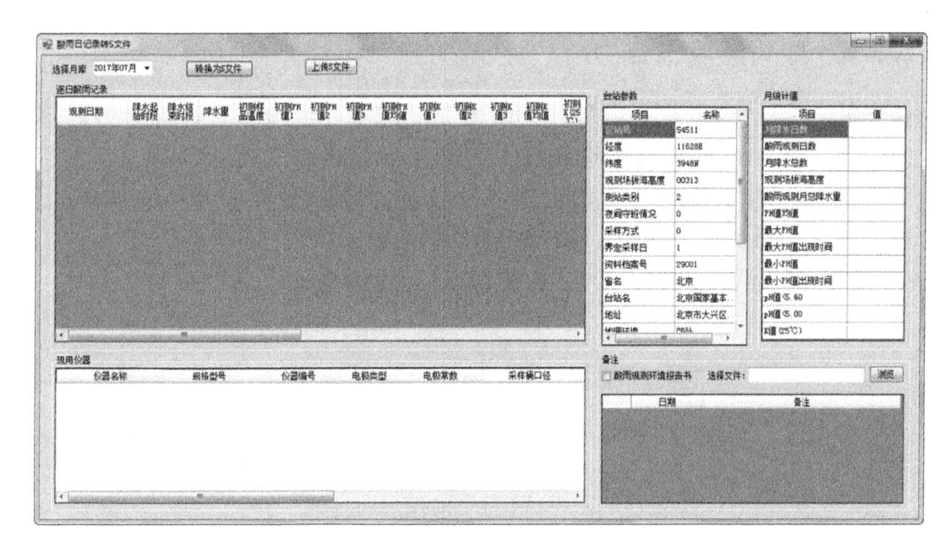

图 7.8　酸雨日记录转 S 文件界面

逐日酸雨记录、台站参数、月统计值、现用仪器和备注等内容包含了转换 S 文件所需的全部数据。在“选择月库”中选定年、月后，自动从数据库中检索并读取该月数据，写入“逐日酸雨记录”和“备注”表格中，数据读取完毕后自动进行月统计，统计值写入“月统计值”表格。

“台站参数”和“现用仪器”从参数文件中自动读取，读取不到的参数如“站(台)长”“输入”“校对”“预审”“审核”“传输”和“传输日期”等需人工输入。

转换为 S 文件：点击“转换为 S 文件”按钮可以生成酸雨月报(S 文件)，文件名格式 Z_CAWN_I_IIiii_YYYYMMDDHHmmss_O_AR_MON. TXT，存放目录“…\bin\Awsnet\AR\YYYYMM\”。

上传 S 文件：如果在“自定项目参数”中设置好了“酸雨月报”的传输参数，点击“上传 S 文件”，可将 S 文件上传至 FTP 服务器。

注意：每年转换生成 1 月份 S 文件时，注意勾选“酸雨观测环境报告书”复选框，并浏览选择该年 1 月份制作的后缀“. env”文件，如图 7.9 所示。

图 7.9　“酸雨观测环境报告书”复选框

酸雨月报数据文件涵盖了月酸雨观测记录簿中所记录的全部内容，详见《酸雨观测规范》。

7.5.6　酸雨环境报告书

点击主菜单栏“自定观测项目”→“酸雨”→“酸雨环境报告书”，弹出如下窗口。站名、区站号、经纬度、海拔高度等参数信息会从“台站参数”中自动读取。

调整右侧的“A 文件终止年份”并选择 A 文件路径，A 文件列表中会自动显示出本站最近 3 a 的 A 文件(例如，A 文件终止年份选择 2016 年，则会显示 2013 年 12 月至 2016 年 11 月的 A 文件列表，故需保持 A 文件的完整性和有效性)，如图 7.10 所示。

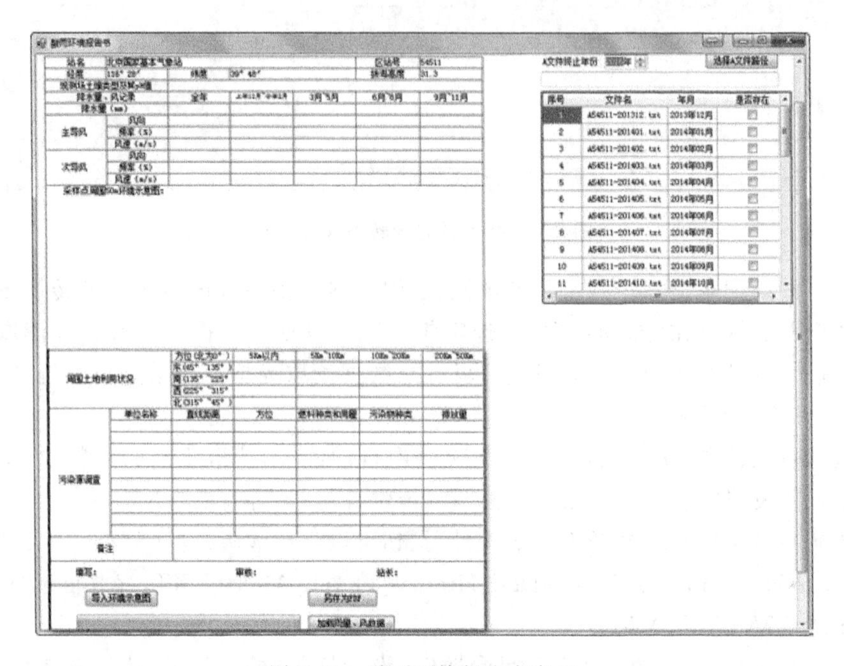

图 7.10　酸雨环境报告书窗口

点击“加载雨量、风数据”按钮，程序会自动统计降水量和风记录。

点击“导入环境示意图”，程序会将 jpg 格式的台站环境示意图加载至“采样点周围 50 m 环境示意图”窗口中。

人工输入观测场土壤类型及 pH、周围土地利用情况、污染源调查、备注以及填写、审核、站长等信息，点击“另存为 PDF”按钮，即可生成本站 PDF 格式的酸雨环境报告书。

7.5.7　酸雨平行观测

(1)ISOS 软件挂接参数设置

点击“参数设置”下拉菜单，选中“观测项目挂接设置”，勾选“/酸雨”，如图 7.11 所示。

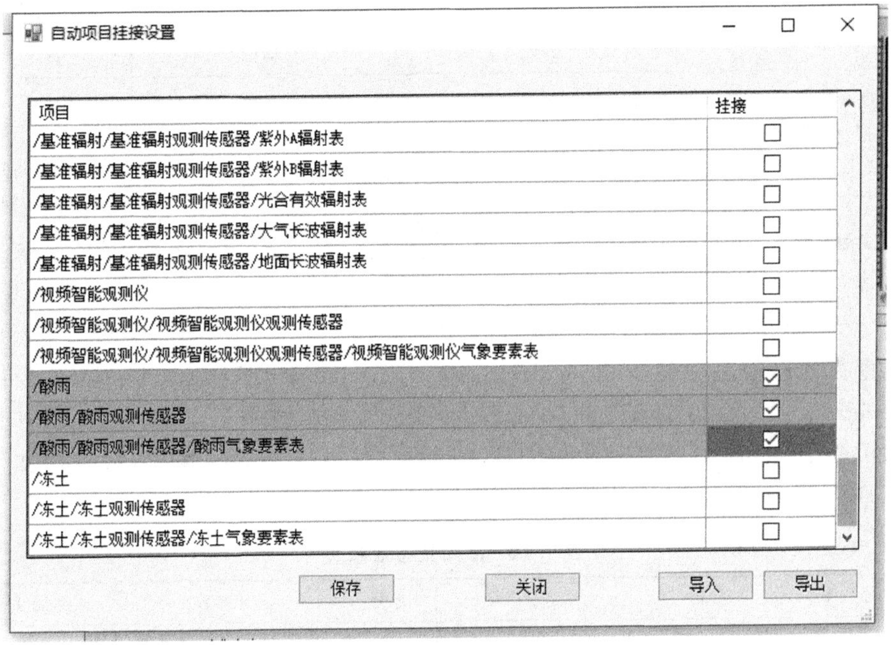

图 7.11　ISOS 软件挂接参数设置

(2)ISOS 软件台站参数设置

① 平行观测第一阶段

打开“参数设置”→“自定项目参数”标签页，不勾选“平行观测项目”栏的“酸雨”复选框。

打开“参数设置”→“台站参数”标签页：“自定项目参数”栏中的“酸雨”选项设置为“无”。

② 平行观测第二阶段

打开“参数设置”→“自定项目参数”标签页，勾选“平行观测项目”栏的“酸雨”复选框。

(3)酸雨观测文件

酸雨观测数据文件：酸雨自动观测、酸雨对比观测数据整编文件的文件名和存储位置见下表 7.10。

表 7.10　酸雨数据文件及存储位置

文件	文件名	存储位置	备注
酸雨自动观测分钟数据文件	IIiii_acidrain_value_YYYYMMDDhhmmss.txt	…\AWS\acidrain\设备(质控/订正)\value\minute\	存档

续表

文件	文件名	存储位置	备注
酸雨自动观测分钟数据 zip 格式压缩上传文件	Z_SURF_I_IIiii_YYYYMMDDHHmmss_O_acidrain-VALUE-YYYYMM[-CCx].txt[.zip]	文件上传临时存放路径：…\bin\Awsnet acidrain\ 文件上传后存放路径：…\bin\Awsnet\ YYYYMM\	平行观测期间上传，用于对比分析
酸雨观测数据整编文件	Z_SURF_I_IIiii_YYYYMMDDhhmmss_O_acidrain-TEM P-YYYYMM[-CCx].txt		

酸雨状态信息文件：IIiii_acidrain_state_YYYYMMDD.txt，其中，IIiii 为区站号；acidrain 表示酸雨观测设备；state 表示状态信息文件；YYYY 为年份，MM 为月份，DD 为日期，月和日期不足两位时，前面补“0”，txt 为固定编码，表示此文件为 ASCII 格式（表 7.11）。

表 7.11 酸雨状态信息文件

序号	参数	字长(Byte)	序号	参数	字长(Byte)
1	区站号	6	8	气压传感器海拔高度	5
2	年	4	9	服务类型	2
3	月	2	10	设备标识位	4
4	日	2	11	设备 ID	3
5	经度	8	12	保留	6
6	纬度	7	13	回车换行	2
7	观测场海拔高度	5			

注：区站号由 6 位组成，在 5 位区站号前加数字“8”形成 6 位区站号；

经度和纬度按度分秒存放，最后 1 位为东、西经标识和南、北纬度标识，经度的度为 3 位，分和秒均为 2 位，高位不足补“0”，东经标识“E”，西经标识“W”；纬度的度为 2 位，分和秒均为 2 位，高位不足补“0”，北纬标识为“N”，南纬标识为“S”；

观测场海拔高度、气压传感器海拔高度：保留 1 位小数，原值扩大 10 倍存入；

服务类型：00 代表基准站，01 代表基本站，02 代表一般站，03 代表区域气象站……；

设备标识位：YARS；

设备 ID：用于区分同一个区站号中同类设备，ID 从 000 开始顺序编号，有多个设备时，服务类型以 ID 为 000 的设备观测为准，当 000 出现故障时，使用 001 设备的数据，依此类推；酸雨自动观测系统有两种，100 代表分体式酸雨自动观测系统，200 代表一体式酸雨自动观测系统。

保留位均用“－”填充。

复习思考题

1. 对酸雨观测记录簿记录要求是什么？
2. 简述酸雨观测记录簿测量记录的填写规定。

3. 简述酸雨观测记录簿 pH 计校准记录的填写规定。。

4. 简述酸雨观测记录簿气象资料的填写规定。

5. 单站月平均 pH 和 K 值的如何计算？

6. 对酸雨观测数据进行质量控制方法有哪些？

第8章　酸雨观测数据基本统计方法

为获取酸雨数据加工产品和数据质量信息，提供酸雨防治的观测资料，需对酸雨观测数据进行分析。需要掌握酸雨观测分析的主要角度、各统计值、趋势分析及检验、常用基本统计方法，熟悉酸雨、酸雨频率和酸雨区的等级划分。

8.1　概述

从20世纪70年代末期起，中国南方地区出现酸雨，降水酸性逐渐增强，逐步演变为东亚酸雨区的一部分，在经历了80年代的快速发展后，从90年代中期开始中国的酸雨污染区范围趋向稳定。为遏制酸雨发展和改善环境，中国于1995年通过了《大气污染防治法》，1998年又将涉及27个省(直辖市、自治区)的110万km^2的国土范围划为酸雨控制区和二氧化硫(SO_2)污染控制区(即“两控区”)，与此同时，各级政府积极推进各种大气环境治理措施，以降低大气中的颗粒物和各种污染气体的浓度水平，改善城市地区的空气质量。但在另一方面，随着中国经济的快速发展，中国的能源消耗不断增加，能源消费方式与结构也在快速地发生变化，SO_2排放总量在经历了90年代后期的下降之后又出现大幅反弹性增长，氮氧化物(NO_x)排放量快速增长，中国的大气污染出现了诸如区域性复合型污染等一些新的污染特征。这些变化导致影响中国酸雨形势发展的因素日益复杂化，一些长期的降水化学观测结果显示，氮氧化物对降水酸性的贡献率不断增加，中国的酸雨污染已经开始由硫酸型逐步向硫酸-硝酸型演变；还有一些报告指出，中国部分地区降水酸度增强与颗粒物浓度水平下降关系密切。在这种情形下，中国酸雨的总体发展趋势如何，不仅为政府决策部门所关注，也是学术界十分关心的热点科学问题。为了查明中国酸雨污染的状况，中国气象局自1992年开始在气象观测站网的基础上建设了覆盖中国大陆全境的酸雨观测网，2005年前站点数量维持在80余个，之后逐渐增加并超过300个。目前已积累了包括各站点每场降水的pH、电导率和部分降水化学等大量资料。所获得的酸雨资料基本反映我国大气背景条件下的湿沉降时空分布特征。

对酸雨观测数据进行分析，从狭义上说，目的是为获取酸雨数据加工产品和数据质量信息，提供酸雨防治的观测资料。从广义上说，可分3个方面，一是国家需求：为污染防治与生态环境保护方面提供资料，是生态和环境决策的依据和效果检验的一项重要指标；二是业务发展需求：发展环境气象业务，更好地服务于气象部门的防灾减灾和生态文明建设，促进进酸雨观测业务质量的提高；三是观测人员发展的需求：能够体现酸雨观测业务人员工作的价值，提高业务人员工作的热情。

酸雨观测数据分析应用的形式有很多，如《酸雨观测日报》和《酸雨观测年报》等环境气象业务产品、常规气象业务资料产品，全国有近30个省份开展了酸雨观测产品制作及服务，此外，还有酸雨相关的决策服务材料，科技论文和科普宣传等。这些酸雨观测数据分析应用，极大地扩大了酸雨观测资料的应用范围，提高了酸雨观测的效益(汤洁，2010)。

8.2 酸雨观测统计基本思路

8.2.1 酸雨观测分析的主要角度

酸雨观测是环境保护的基础性工作之一，酸雨观测资料能够为环境保护的科学决策以及环境治理效果的验证提供第一手的科学数据支撑。因此，对酸雨观测资料分析应着眼于大气环境保护的迫切需求，从以下两个主要分析角度入手：①酸雨污染程度时空变化特征的描述；②结合其他资料，从酸雨形成的机制及成因的角度，对影响酸雨时空变化特征的各种影响因素进行综合分析。

对时空变化特征的描述，主要采用的是运用气候统计分析方法来进行统计分析和检验，可从对区域特征、局地差异，季节变化、长期趋势等方面进行分析。再对酸雨形成的机制及成因方面进行分析，即影响因素的分析，可从气象(气候)因素、局地环境因素、长距离输送、高山观测的垂直差异、经济活跃程度(能源消耗)的关联等方面进行分析。

在对酸雨资料进行分析时应注意的问题：

(1)对原始资料进行检查：在进行数据分析之前，必须先对原始样品数据进行筛选；因为不管在采样过程或是分析过程，样品都有可能因为受到污染而使结果产生误差。在分析前须剔除有问题的数据。对原始资料进行资料检验和质量评估，一般采用的是pH-K检验、气候统计检验等，确保资料可用后才能进行分析。

(2)正确运用统计分析方法：在对酸雨观测资料进行统计分析时应注意对统计结论显著性进行检验，如趋势、相关性。如达不到显著性水平，证明统计结论不具有意义。

(3)影响因素的分析：在对影响因素进行分析时，应注意要综合多种因素进行分析，统计结论与物理机制的对应，综合运用pH资料和电导率资料。

8.2.2 平均pH和K值的计算

(1)平均pH

① 单站月、季、年平均pH的计算方法为：氢离子浓度[H^+]—降水量加权法；计

算过程参考第 7 章中月平均 pH 计算。

② 多站及单站多年平均 pH 的计算方法为：在单站统计值基础上采用算术平均，不需要考虑降水量加权影响。

(2)平均 K 值

① 单站月、季、年平均 K 值的计算方法为：降水量加权法；计算过程参考第 7 章中月平均 K 值计算。

② 多站及单站多年平均 K 值的计算方法为：在单站统计值基础上采用算术平均，不需要考虑降水量加权影响。

8.2.3 趋势分析及检验

对多年酸雨观测资料进行趋势分析时，在逐年的月、季、年平均值基础上采用线性拟合方法计算趋势值，或者采用非参数统计方法(Mann-Kendell)计算趋势值，并进行相应的显著性统计检验。

当酸雨观测数据分布比较均匀，即数据比较完整时可采用线性拟合方法进行统计分析；当酸雨观测数据某个月或者某几个月数据缺失，导致数据分布不均匀时采用非参数统计方法进行分析。

8.2.4 常用基本统计量

酸雨观测资料，如平均 pH、平均 K 值都是以数据的形式给出的，把这些要素记为 x，取酸雨某一时间段的资料记录作为样本，它在 n 个时间的取值可分别表示为 $x_1, x_2, x_3, \cdots, x_n$，其中 n 称为样本容量。可用向量符号表示这一组数

$$x=(x_1, x_2, x_3, \cdots, x_n)^T \tag{8.1}$$

在统计诊断中，需要用统计量来表征酸雨资料的特征，归纳起来，基本统计量主要包括表示变量中心趋势、变化幅度、分布形态和相关程度的量，这里给出几个最常用的统计量。

(1)中心趋势统计量(魏凤英，2007)

① 平均值

平均值是描述酸雨观测要素样本平均水平的量，它是代表样本取值中心趋势的统计量。平均值可作为要素总体数学期望的一个估计。即使在原始数据不属于正态分布时，平均值纵深趋于正态分布的。

n 个数据资料的平均值 $\bar{x}$ 表示为

$$\bar{x}=\frac{1}{n}\sum_{i=1}^{n} x_i \tag{8.2}$$

② 中位数

中位数是表征气候变量中心趋势的另一个统计量。在按大小顺序排列的气候变量中，位置居中的那个数就是中位数。当样本量为偶数时，不存在居中的数，中位

数取最中间两个数的平均值。

中位数的优点在于它不易受异常值的干扰。在样本量较小的情况下，这一点显得尤为显著。对于一个基本遵从正态分布的变量，异常值会对均值产生十分明显的影响。但是，使用中位数就不会受异常值的影响。

(2)变化幅度统计量(河北省气象局，2017)

① 距平

某数据资料与平均值的差称为距平，距平是反映数据偏离平均值的量。一组数据的某一个值x_i与平均值$\bar{x}$之间的差就是距平x_{di}，即

$$x_{di}=x_i-\bar{x} \tag{8.3}$$

气象资料的一组数据$x_1,x_2,x_3,\cdots,x_n$与其均值的差异就构成了距平序列

$$x_1-\bar{x},x_2-\bar{x},x_3-\bar{x},\cdots,x_n-\bar{x} \tag{8.4}$$

距平的作用就在于将观测资料的值化到同一水平上进行比较。距平是有单位的，其单位与原变量单位相同。气象上经常用距平x_{di}代替原变量进行研究，由于x_{di}的平均值等于零，这种处理方法也称为中心化。

② 方差和标准差

方差和标准差是描述观测资料与平均值差异的平均状况的统计量，反映了变量围绕平均值的平均变化幅度(离散程度)，分别记为s^2和 s。某气象要素(变量)x(含 n 个资料的样本)的方差计算公式为

$$s_x^2=\frac{1}{n}\sum_{i=1}^{n}(x_i-\bar{x})^2 \tag{8.5}$$

标准差为

$$s_x=\sqrt{\frac{1}{n}\sum_{i=1}^{n}(x_i-\bar{x})^2} \tag{8.6}$$

(3)分布特征统计量

① 偏度系数和峰度系数

偏度系数和峰度系数是描述气候变量分布特征的 2 个重要统计量。偏度系数表征分布形态与平均值偏离的程度，作为分布不对称的测度。峰度系数则表征分布形态图形顶峰的凸平度。

偏度系数为

$$g_1=\sqrt{\frac{1}{6n}}\sum_{i=1}^{n}\left(\frac{x_i-\bar{x}}{s}\right)^3 \tag{8.7}$$

峰度系数为

$$g_2=\sqrt{\frac{n}{24}}\left[\frac{1}{n}\sum_{i=1}^{n}\left(\frac{x_i-\bar{x}}{s}\right)^4-3\right] \tag{8.8}$$

式中$\bar{x}$和 s 分别为原始序列的平均值和标准差。

标准偏度系数的一样是由g_1的取值符号而定的。当$g_1>0$ 时，表明分布图形的

顶峰偏左，称为正偏度；当$g_1<0$时，表明分布图形的顶峰偏右，称为负偏度；当$g_1=0$时，表明分布图形对称。

标准峰度系数的意义为：当$g_2>0$时，表明分布图形坡度偏陡；当$g_2<0$时，表明分布图形坡度平缓；当$g_2=0$时，表明分布图形坡度正好。

若$g_1=0$，$g_2=0$时，表明研究的变量为理想正态分布变量。由此可见，可利用偏度系数及峰度系数的值测定出偏离0的程度，以此确定变量是否遵从正态分布。

(4)相关统计量

① 皮尔逊相关系数

皮尔逊(Pearson)相关系数是描述两个随机变量线性相关的统计量，一般简称为相关系数或点相关系数。当相关系数>0时，表明两变量呈正相关，越接近1.0，正相关越显著；当相关系数<0时，表明两变量呈负相关，越接近−1.0，负相关越显著，当相关系数=0时，则表示两变量相互独立。当然，计算出的相关系数是否显著，需要经过显著性检验。

② 自相关系数

自相关系数是描述某一变量不同时刻之间的相关统计量。将滞后长度为j的自相关系数记为$r(j)$。不同滞后长度的自相关系数可以帮助我们了解前j时刻的信息与其后时刻变化间的联系。

③ 关联度

表征变量关系密切程度的相关系数是以数理统计为基础的，要求足够大的样本量及数据遵从一定的概率分布。

8.2.5 序列变化趋势分析

酸雨观测资料属于随时间变化的一列气候数据构成了一个气候时间序列，它具有以下特征：①数据的取值随时间变化。②每一时刻取值的随机性。③前后时刻数据之前存在相关性和持续性。④序列整体上有上升或下降趋势，并呈现周期性振荡。⑤在某一时刻的数据取值出现转折或突变。计算酸雨观测资料多年趋势时，一般不应少于5 a，在逐年月/季/年平均值(不提倡使用日均值)基础上，可采用线性拟合方法计算趋势值，并进行相应的显著性统计检验。以下介绍几种常用的分析趋势的统计方法。

(1)线性倾向估计

用x_i表示样本量为n的某气候变量，用t_i表示x_i所对应的时间，建立x_i与t_i之间的一元线性回归方程：

$$x_i=a+bt_i, i=1,2,3,\cdots,n \tag{8.9}$$

式(8.9)可以看作一种特殊的、最简单的线性回归方程。它的含义是用一条合理的直线表示变量x与其时间t之间的关系。方程(8.9)a为回归常数，b为回归系数。a和b可以用最小二乘法进行估计。

$$\begin{cases} b = \dfrac{\sum_{i=1}^{n} x_i t_i - \dfrac{1}{n}\left(\sum_{i=1}^{n} x_i\right)\left(\sum_{i=1}^{n} t_i\right)}{\sum_{i=1}^{n} {t_i}^2 - \dfrac{1}{n}\left(\sum_{i=1}^{n} t_i\right)^2} \\ a = \bar{x} - b\bar{t} \end{cases} \tag{8.10}$$

式中，

$$\bar{x} = \frac{1}{n}\sum_{i=1}^{n} x_i, \bar{t} = \frac{1}{n}\sum_{i=1}^{n} t_i \tag{8.11}$$

回归系数 b 的符号表示变量 x 的趋势倾向。b 的符号为正，即当 $b>0$ 时，说明随时间 t 的增加 x 呈上升趋势；当 b 的符号为负，即当 $b<0$ 时，说明随时间 t 的增加 x 呈下降趋势。b 值的大小反映了上升或下降的速率，即表示上升或下降的倾向程度。因此，通常将 b 称为倾向值，将这种方法叫作线性倾向估计。

(2)滑动平均

滑动平均是趋势拟合技术最基础的方法，它相当于低通滤波器。用确定时间序列的平滑值来显示变化趋势。对样本量为 n 的序列 x，其滑动平均序列表示为

$$x_j = \frac{1}{k}\sum_{i=1}^{k} x_{i+j-1}, j = 1, 2, \cdots, n-k+1 \tag{8.12}$$

式中，k 为滑动长度。作为一种规则，k 最好取奇数，以使平均值可以加到时间序列中项的时间坐标上；若 k 取偶数，可以对滑动平均后的新序列取每 2 项的平均值，以使滑动平均对准中间排列。可以证明，经过滑动平均后，序列中短于滑动长度的周期大大削弱，呈现出变化趋势。

计算步骤为：根据具体问题的要求及样本量的大小确定滑动长度 k，用式(8.12)直接计算观测数据的滑动平均值。n 个数据可以得到 $n-k+1$ 个平滑值。编制程序计算时可采用这种形式：首先将序列的前 k 个数据求和得到一个值，然后依次用这个值减去平均时段的第一个数据，并加上第 $k+1$ 个数据，再用求出的值除以 k，循环这样的过程，计算出 $1, 2, \cdots, n-k+1$ 个平滑值。

(3)累积距平

累积距平也是一种常用的、由曲线直观判断变化趋势的方法。对于序列 x，其某一时刻 t 的累积距平表示为

$$\hat{x}_t = \sum_{i=1}^{t} (x_i - \bar{x}) t = 1, 2, \cdots, n \tag{8.13}$$

式中，$\bar{x}$ 为序列平均值。

将 n 个时刻的累积距平值全部算出，即可绘出累积距平曲线进行趋势分析。

8.3 酸雨、酸雨频率和酸雨区的等级划分

8.3.1 酸雨等级

(1)基本概念

酸雨等级是描述日降水的酸雨强弱程度的等级。划分原则是根据日降水的 pH 大小将酸雨划分为较弱酸雨、弱酸雨、强酸雨和特强酸雨 4 个等级。

在观测站点,应按照《酸雨观测规范》的规定和要求来采集、测量当日(北京时 08 时至次日 08 时)降水 pH,其结果记为当日的日降水 pH(pH_d,其中 d 表示日数)。

(2)统计方法

酸雨等级划分如表 8.1 所示,其中非酸雨日的日降水 pH≥5.6。

表 8.1 酸雨等级

级别	日降水 pH
较弱酸雨	$5.0 \leqslant pH_d < 5.6$
弱酸雨	$4.5 \leqslant pH_d < 5.0$
强酸雨	$4.0 \leqslant pH_d < 4.5$
特强酸雨	$pH_d < 4.0$

8.3.2 酸雨频率等级

(1)概念

酸雨频率等级是某观测站在某一时段(月、季、年)内观测到的酸雨发生频繁程度的等级。划分原则是依据单站某一时段(月、季、年)内酸雨频率的高低将酸雨频率划分为酸雨偶发、酸雨少发、酸雨多发、酸雨频发和酸雨高发 5 个等级。

(2)统计方法

按照下式计算某一时段(月、季、年)的酸雨频率:

$$F=\frac{N_{\mathrm{pH}<5.6}}{N_T}\times 100\% \qquad (8.14)$$

式中,F 为酸雨频率;$N_{\mathrm{pH}<5.6}$ 为某时段内日降水 pH<5.6 的次数;N_T 为某时段内所有酸雨观测次数,其中 T 表示时段,可以为月、季、年等。

(3)酸雨频率等级

酸雨频率等级划分如表 8.2 所示。

表 8.2　酸雨频率等级

级别	酸雨频率
酸雨偶发	$F<5\%$
酸雨少发	$5\%<F\leqslant 20\%$
酸雨多发	$20\%<F\leqslant 50\%$
酸雨频发	$50\%<F\leqslant 80\%$
酸雨高发	$F>80\%$

8.3.3　酸雨区等级

(1)概念

酸雨区等级是描述某一区域内酸雨严重程度的等级。划分原则是由区域内全部单站(月、季、年)平均降水 pH,用插值方法计算得到(月、季、年)平均降水 pH 的空间分布,据此划分较轻酸雨区、轻酸雨区、重酸雨区、特重酸雨区 4 个等级。

(2)统计方法

应用氢离子浓度—雨量加权平均方法计算单站某一时段(月、季、年)的平均降水 pH:

$$c(H^+)_d = 10^{-pH_d} \tag{8.15}$$

$$c(H^+)_m = \frac{\sum c(H^+)_d \times V_d}{\sum V_d} \tag{8.16}$$

$$pH_m = -\lg c\,(H^+)_m \tag{8.17}$$

式中,$c(H^+)_d$ 为由日降水 pH 计算得到的日降水氢离子浓度,单位为摩尔每升($mol \cdot L^{-1}$);pH_d 为日降水 pH,无量纲;$c(H^+)_m$ 为平均氢离子浓度,单位为摩尔每升($mol \cdot L^{-1}$);V_d 为与日降水 pH 对应的日降水量,单位为毫米(mm);pH_m 为平均降水 pH,无量纲。

(3)酸雨区等级

酸雨区等级划分如表 8.3 所示。

表 8.3　酸雨区等级

级别	平均降水 pH
较轻酸雨区	$5.0\leqslant pH_m<5.6$
轻酸雨区	$4.5\leqslant pH_m<5.0$
重酸雨区	$4.0\leqslant pH_m<4.5$
特重酸雨区	$pH_m<4.0$

8.4 我国酸雨的变化及其特点

汤洁等(2010)分析了全国 74 个酸雨观测站 1992—2006 年的降水 pH 资料。结果显示,15 a 中国酸雨区的整体分布格局没有重大改变,长江以南仍是最大的连续酸雨区和重酸雨区,北方地区尚未形成大范围的连续酸雨区。1999 年前的 8 a 全国酸雨污染呈现减缓趋势,2000 年后,华北、华中、华东及华南地区出现连续大范围的酸雨污染加重趋势,其综合结果使得中国酸雨区的酸雨污染程度发生区域性变化。15 年间,华北、华中、华南呈现连续大范围的酸雨污染加重现象,其中华北和华中的长江以北地区较明显;中国重酸雨区之一的西南地区的降水酸度减弱,酸雨污染程度呈现缓解趋势;相应地,长江以南的重酸雨区中心有向东发展的趋势。对同期的降水电导率资料的分析显示,15 a 中国降水中可溶性离子成分含量呈现整体增加的趋势,其中 1999 年前为快速增加期,2000 年后基本稳定或呈下降趋势。2000 年后部分观测站的降水 pH 年变率与非氢电导率年变率正相关的事实显示,颗粒物排放和其浓度水平下降导致降水酸性增强有可能是影响中国一些地区降水酸度变化的一个重要因素。

8.5 分析示例

8.5.1 《侯马市酸雨长期变化趋势分析》(张红安 等,2010)

文章分析 1992—2008 年 776 次日降水的 pH 和电导率 K 值的有效数据,为了保证数据的有效性,剔除了①降水量<1 mm 时的观测数据;②个别极为不合理的数据。剩下的有效数据研究表明:

图 8.1a 为侯马市降水 pH 的范围及其与降水量的关系,从图中可以看出侯马市的降水 pH 在 3.5～8.0 变化,pH<4.0 的降水极少出现;随着降水量的增加,pH 逐渐减少,说明单日降水量的增加对降水 pH 有明显的影响。图 8.1b 为侯马市降水 K 值的范围及其与降水量的关系,随着降水量的增加,K 值逐渐减少,侯马市降水 K 值基本上在 20～300 $\mu S \cdot cm^{-1}$ 变化。按照 $K<50\ \mu S \cdot cm^{-1}$,50～100 $\mu S \cdot cm^{-1}$,100～200 $\mu S \cdot cm^{-1}$ 的范围统计降水次(日)数和降水量的比例,分别为 27.1% 和 47.1%,28.1%和 28.3%,29.3%和 19.0%。$K>200\ \mu S \cdot cm^{-1}$的降水次(日)数比例虽然高达 15.6%,但降水量比例却只有 5.6%,可见高电导率降水多发生于降水量较小的情况。图 8.1c 为侯马市降水 pH 与 K 值的关系。从图中可以看出降水 pH 与 K 值呈现正相关关系。

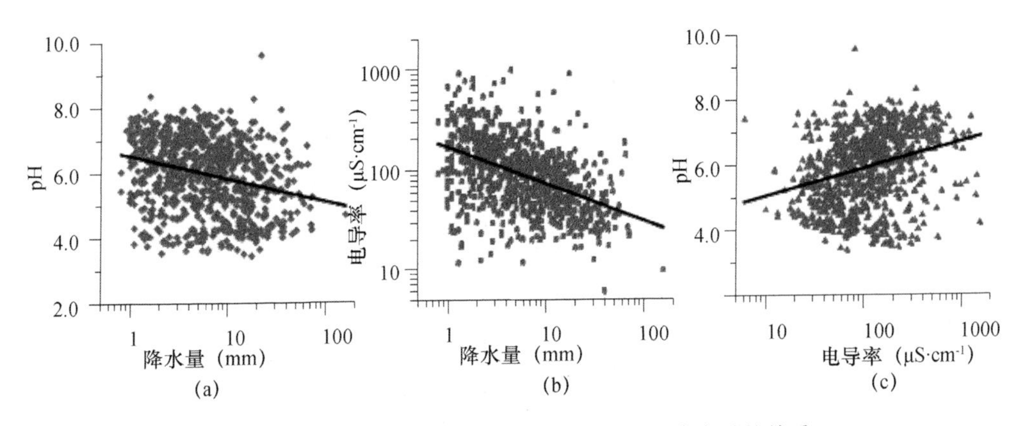

图 8.1　降水 pH 和电导率的变化范围及其与降水量的关系

图 8.2 为侯马市 1992—2008 年各月的平均降水量、降水 pH 值分布状况和平均 pH 值、降水 *K* 值分布状况和平均 *K* 值。各月的多年平均降水 pH 值均较低，除 1 月的平均值为 5.1 外，其余各月的平均 pH 均低于 5.0，11 月的平均 pH 最低，达到 4.29，其他几个 pH 较低月份为 8 月、9 月和 3 月。虽然各月的多年平均 pH 呈现一定程度的波动，但是其起伏变化不规则，季节变化的规律不明显。从各月的降水 pH 分布状况看，8—11 月和 2—3 月的 pH 分布中值较低，均＜5.9，说明这几个月降水的 pH 总体上偏低，而其余的几个月的 pH 分布中值均＞6.2，其中最高的是 5 月，达到 6.57。综合考虑降水量的季节性分布特点，可以得出结论，8 月是酸雨污染较严重的月份。计算各月的平均酸沉降量，可以发现 7 月、8 月、9 月三个月的酸沉降量为最大，分别占全年的 14.3%、27.9%、16.2%，3 个月累计酸沉降量约占全年的 6 成。

降水 *K* 值的季节变化明显和降水量相反，多年平均 *K* 值的最低月份出现在降水量最大的 7 月，为 49.5 $\mu S \cdot cm^{-1}$，而 *K* 值最高月份出现在冬季的 2 月，为 184.7 $\mu S \cdot cm^{-1}$。从各月的降水 pH 分布状况看，各月降水 *K* 值的分布中值变化基本与平均值的季节变化相一致，但是 4 月降水 *K* 值变化范围最大，95%分位值也最高，说明在春季受较大的风沙、扬尘的影响，易出现降水 *K* 值异常增高的现象。降水 *K* 值在降水集中的月份普遍较低和在春季易出现异常高值的变化特点，总体上反映了不同季节扬尘、沙尘等大气中颗粒物对降水性质的显著影响。

8.5.2　杭州地区酸雨分布特征及影响因素(黄立丹 等，2013)

利用 2009 年 7 月—2012 年 6 月杭州地区 7 个观测站的酸雨资料并结合探空及大气成分资料，分析近 3 a 来杭州地区的酸雨变化和分布特征，研究了气象条件和大气污染物对酸雨的影响。分析结果表明：

杭州地区的酸雨污染大体呈现“西重东轻”的格局，降水酸度最高的为西北部的临安，其平均降水 pH 值为 4.37，降水酸度最低的为东北部的杭州，其平均降水 pH

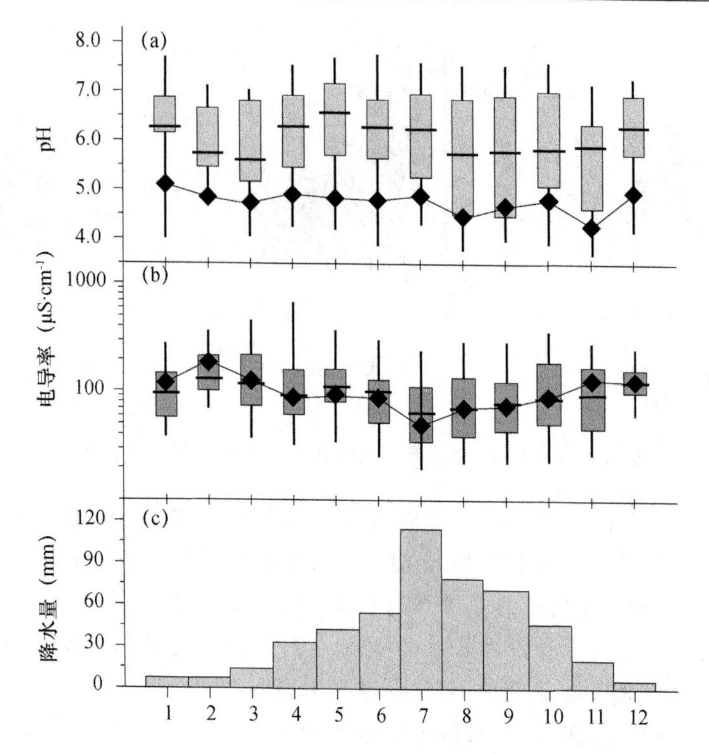

图 8.2 降水 pH、电导率和降水量的季节变化

（a、b 中，◆表示多年月平均值，横线表示中值，矩形表示中心 50%数据的分布范围，垂直线表示中心 90%数据的分布范围）

为 5.23。酸雨频率居前 3 位为西部的建德、临安和淳安，分别为 94.1%、92.3%和 85.4%，东部杭州站的酸雨频率则不到 70%。同样，中度以上酸雨频率居前的也位于西部的临安和淳安等地，其中临安站中度以上酸雨频率高达 85.5%，而位于东部的杭州、富阳两站的中度以上酸雨频率则均低于 40%（(彩)图 8.3)。

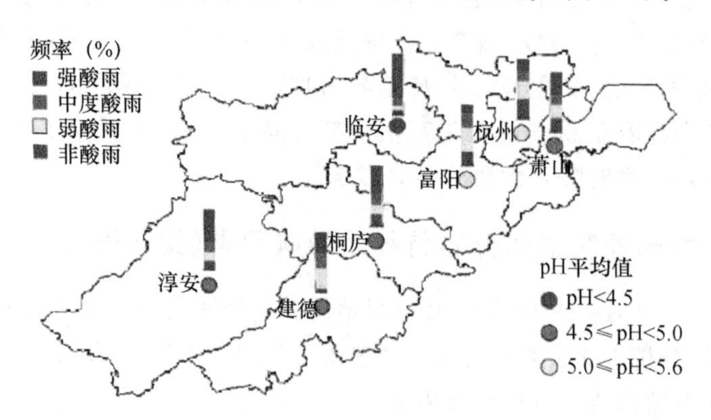

图 8.3 杭州地区酸雨强度和不同等级酸雨频率的空间分布

由图8.4可见，全地区的酸雨频率和中度以上酸雨频率以2011年最低，分别为76.9%和55.6%；2010和2012年相对较高，其中酸雨频率均为83.5%，中度以上酸雨频率分别为62.7%和58.7%。与酸雨频率和中度以上酸雨频率的年际变化相对应，2011年全地区降水年均pH最高为5.02，2012年次之，为4.85，2010年最低，是4.79。这种年际变化的原因可能是由于2011年1—5月出现了自1951年有气象记录以来历史同期最少降水量，而6月全地区各县市又连续出现了4～5次大于50 mm暴雨天气造成的。7个站中，杭州、萧山、桐庐和淳安4站的年际变化和全地区的平均状况较为一致，但临安、富阳和建德3个站不同，2011年偏高于其他二年（图8.4）。

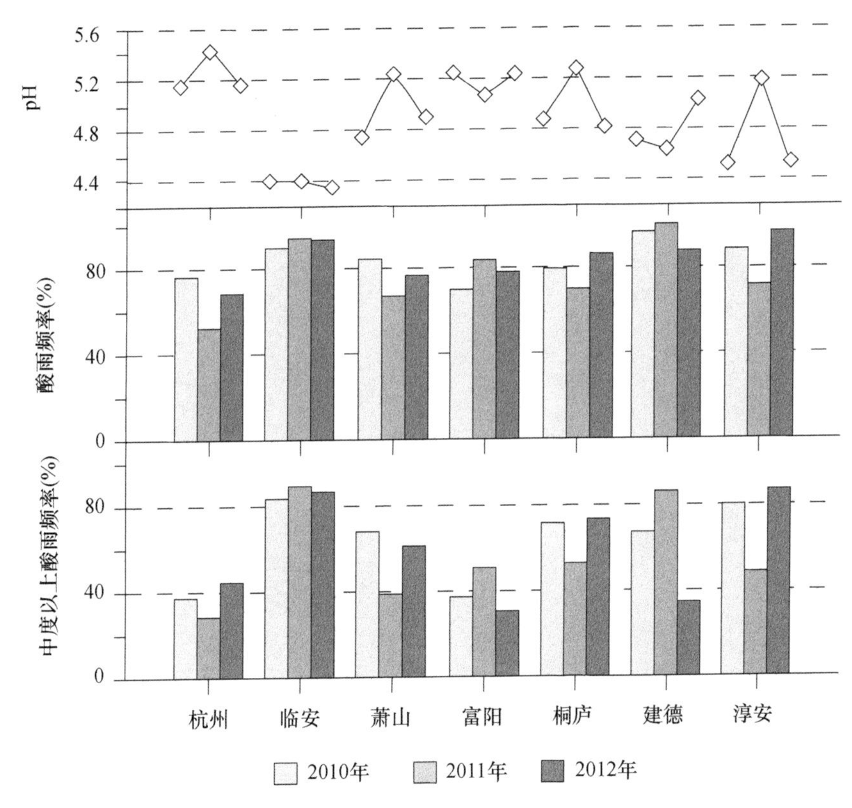

图8.4　2010—2012年各年度杭州地区各地酸雨频率及降水pH

切忌简单的现象关联，两者相关，不一定是真的相关，他们之间是否存在内在机制？相关统计是描述现象，总结规律，不是确立机制。统计上相关不意味着一定存在内在机制，必要条件和充分条件的差别，统计上相关是证明内在机制的必要条件，不是充分条件，相关分析是寻找和发现内在机制的切入点和线索，应用已知的机制更好地解释统计上的相关性。

复习思考题

1. 对酸雨资料进行分析时应注意哪些问题？
2. 单站年平均 pH 和 K 值如何计算？
3. 多站及单站的多年平均 pH 和 K 值如何计算？
4. 酸雨、酸雨频率和酸雨区的等级如何划分？

参考文献

郝吉明，马广大，王书肖，2010．大气污染控制工程[M]．北京：高等教育出版社．
河北省气象局，2017．县级综合气象业务技术手册[M]．北京：气象出版社．
黄立丹，张日佳，张立峰，等，2013．杭州地区酸雨分布特征及影响因素[J]．气象科技，41(6)：1138-1146．
康孝炎，张远航，邵敏，2006．大气环境化学[M]．北京：高等教育出版社．
李尉卿，2010．大气气溶胶污染化学基础[M]．郑州：黄河水利出版社．
上海精密科学仪器有限公司雷磁仪器厂，2017．实验室电导率仪[S]．北京：机械工业出版社。
上海精密科学仪器有限公司雷磁仪器厂，上海精密科学仪器有限公司科技开发中心，2005．实验室 pH 计[S]．北京：中国标准出版社。
汤洁，徐晓斌，巴金，等，2010．1992—2006 年中国降水酸度的变化趋势[J]．科学通报，55(8)：705-712．
汤洁，徐晓斌，杨志彪，等，2008．电导率加和性质及其在酸雨观测数据质量评估中的应用[J]．应用气象学报，19(4)：385-392．
魏凤英，2007．现代气候统计诊断与预测技术[M]．北京：气象出版社．
云雅如，柴发合，王淑兰，等，2010．欧洲酸雨控制历程及效果综合评述[J]．环境科学研究，23(11)：1361-1367．
张红安，汤洁，于晓岚，等，2010．侯马市酸雨长期变化趋势分析[J]．环境科学学报，30(5)：1069-1078．
中国气象局，2005．酸雨观测业务规范[M]．北京：气象出版社．
中国气象局，2017．酸雨观测规范[S]．北京：中国标准出版社．
GALLOWAY J N，LIKENS G E，HAWLEY M E，1984. Acid precipitation[J]. Natural Versus Anthropogenic Components，226(4676)：829－831.
JEAN D P，1930. Industrialism in Japan[J]. Walter F France，4(2)：325-325.
SEINFELD J H，BOOKS E S，1986. Atmospheric chemistry and physics of air pollution[J]. Environmental Science & Technology，20(9)：863.

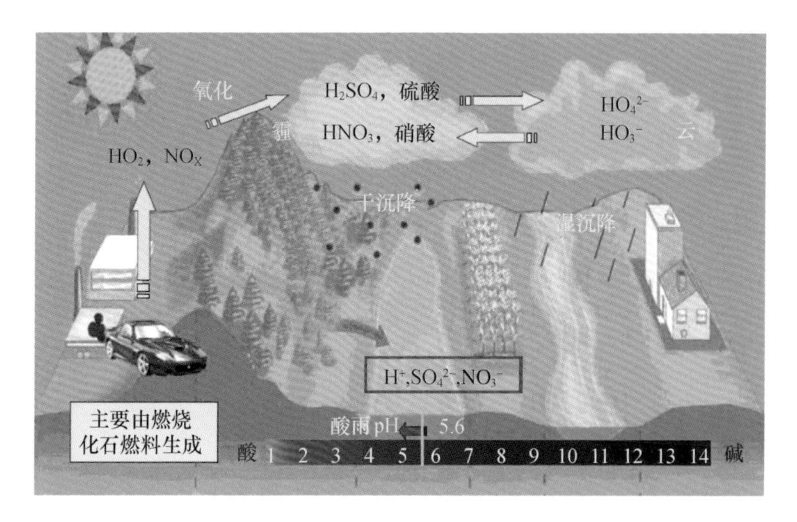

图 2.3 酸雨的形成过程

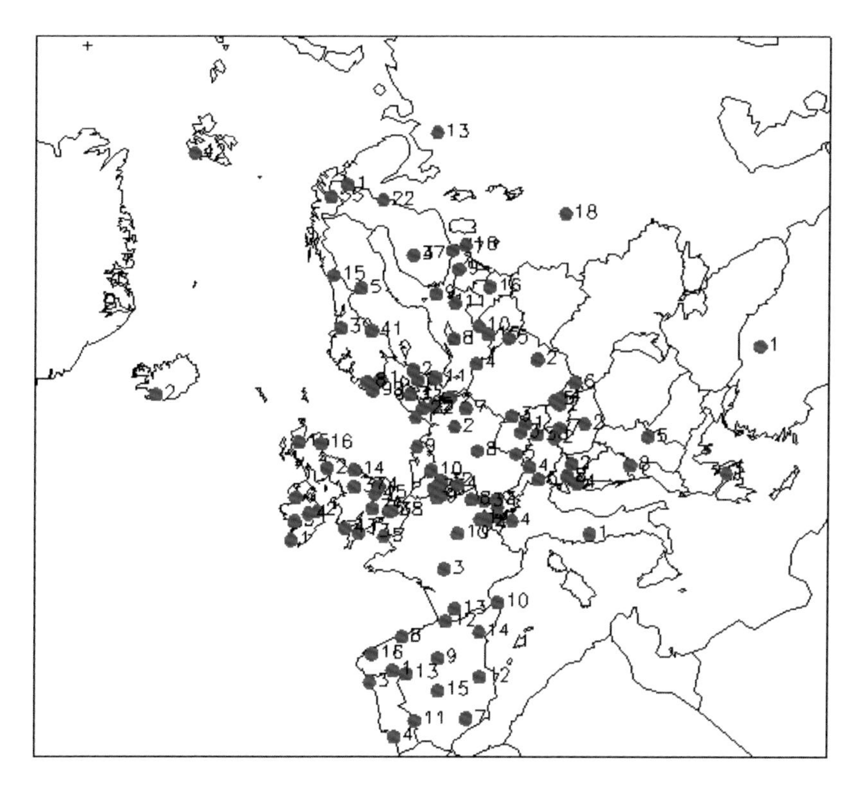

图 2.4 欧盟 EMEP 网(2001 年)

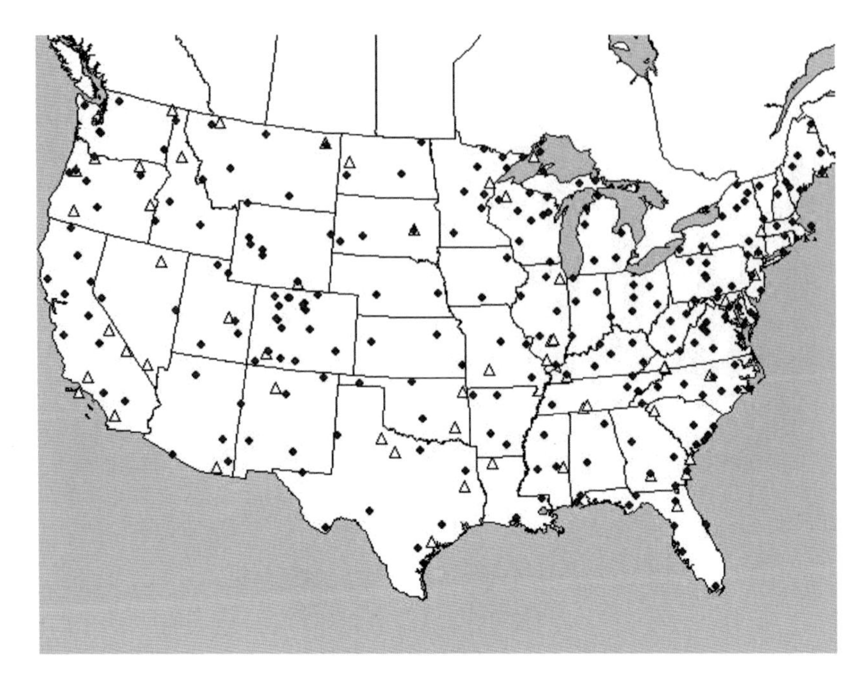

图 2.5　美国 NADP 网

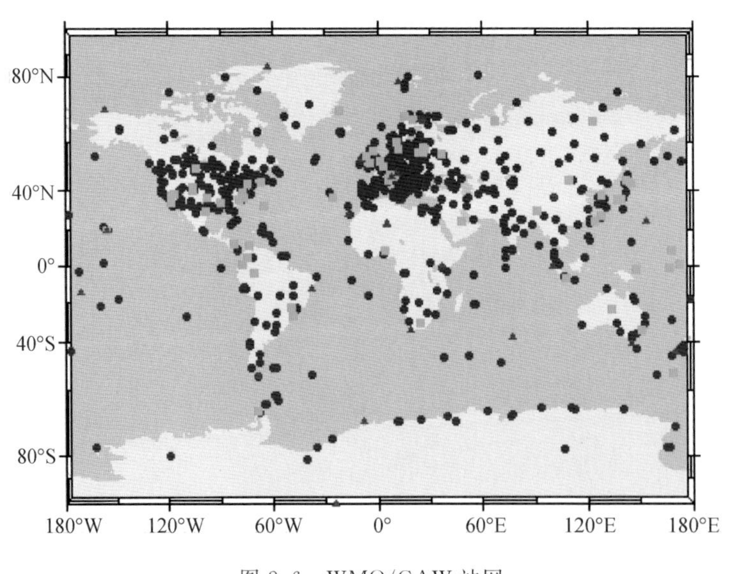

图 2.6　WMO/GAW 站网

图 2.7　2018 年全国酸雨监测站网

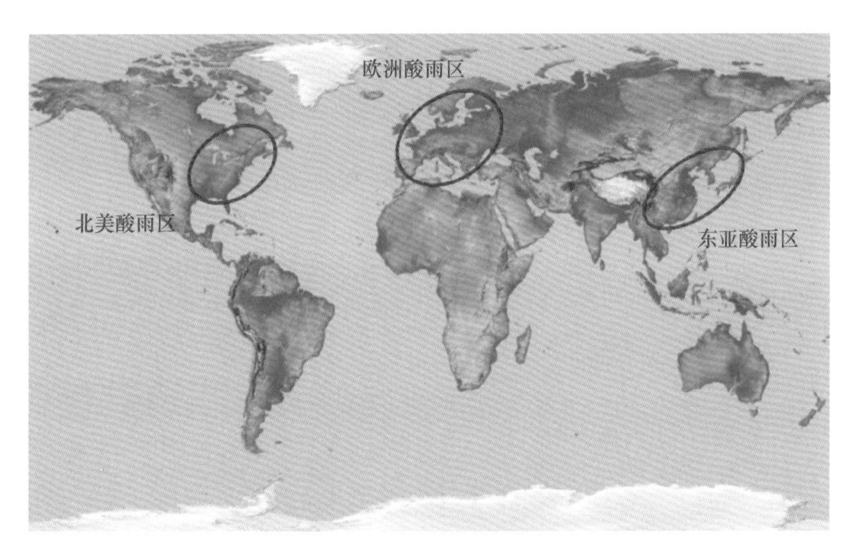

图 2.8　世界三大酸雨区

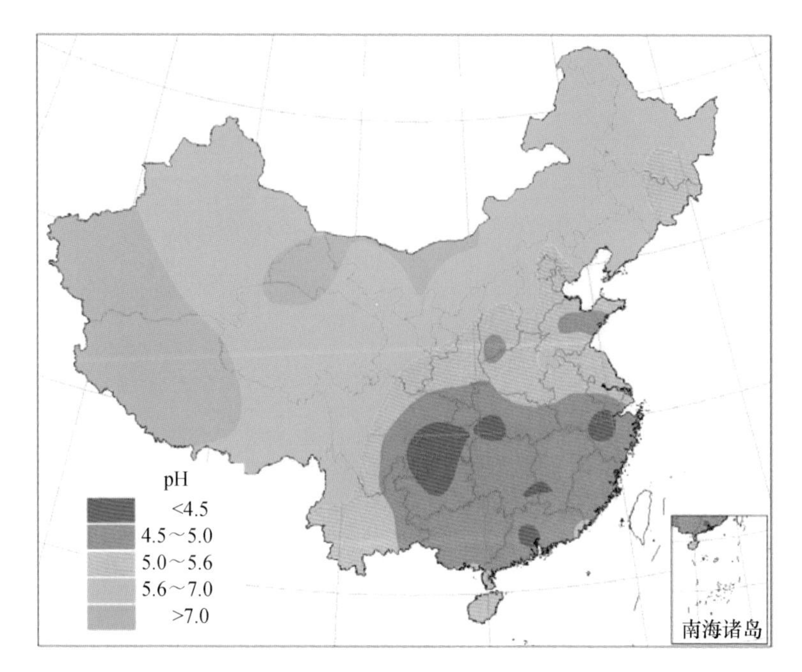

图 2.9　中国酸雨分布图(1992—2012 年)

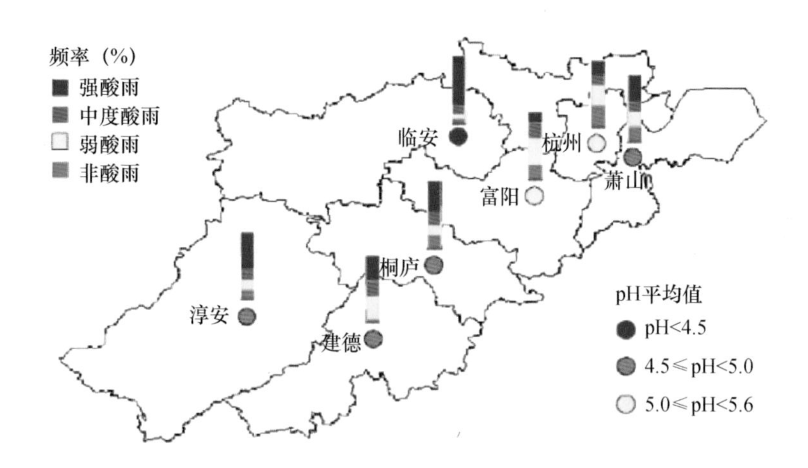

图 8.3　杭州地区酸雨强度和不同等级酸雨频率的空间分布